RADIO

JOY TO THE OITA

OFFICIAL BOOK

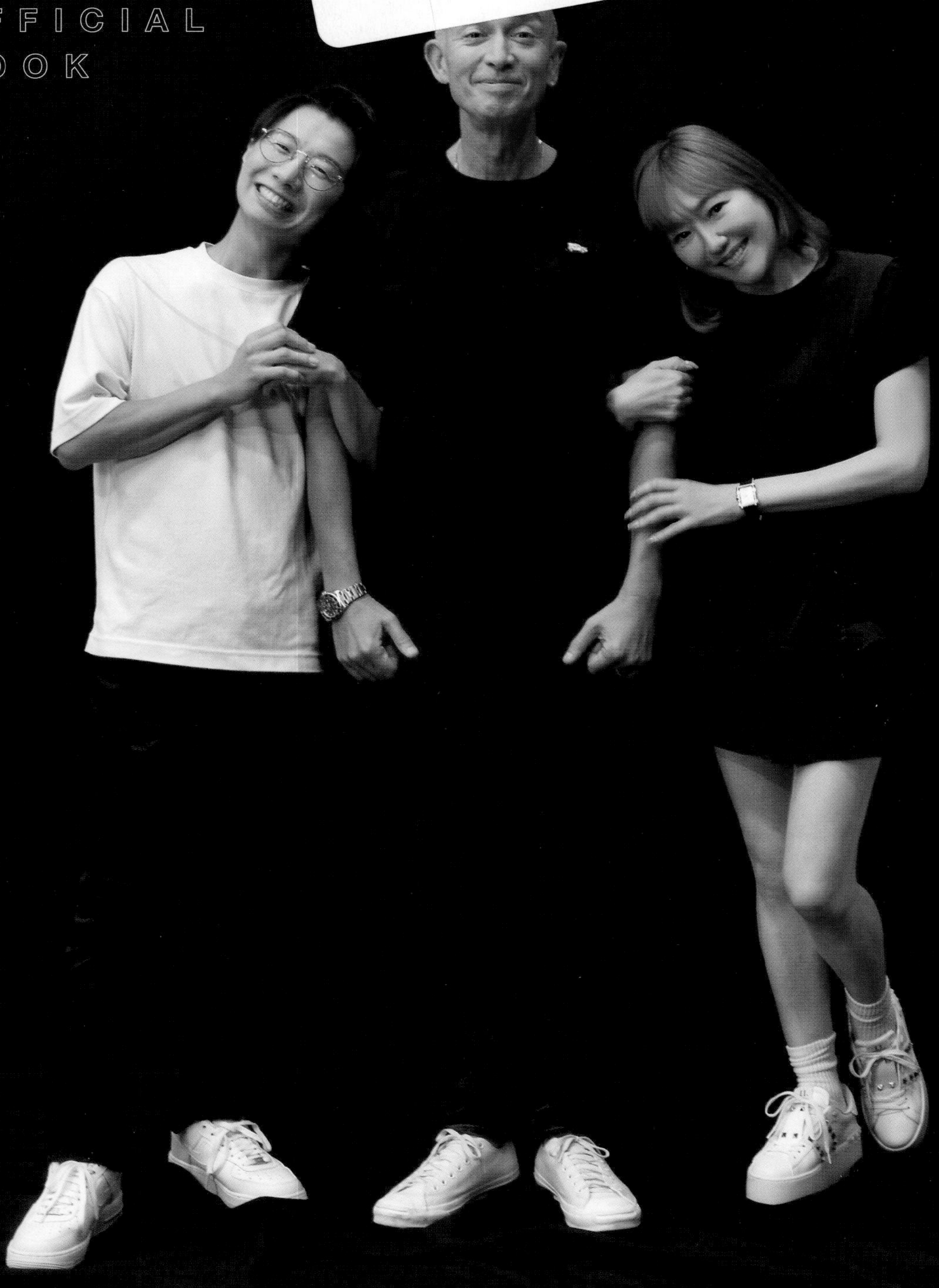

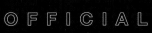

ONAIR

はじめまして。
OBSアナウンサーの賎川《しずかわ》寛人《ひろと》です。
このたびは本書を手に取ってくださり誠にありがとうございます！
まずマーク・パンサーさんと2019年に２人で始めた番組が
『しずちゃんとマーク・パンサーのGLOBISM《グロビズム》』でした。
その後、2022年3月に『JOY TO THE OITA』へとパワーアップ。
大分県とglobeの魅力をリスナーさんに届けてきましたが、
2023年1月よりKEIKOさんをレギュラーに迎え、
現在の『JOY TO THE OITA＋《プラス》』がスタートしました。
地方局のラジオ番組でありながら、
マークさんとKEIKOさんのご出演のおかげで、
全国から注目を集めている…そんな手ごたえも感じています。
昨年、おかげさまでOBSは開局70周年を迎え、
記念イベント『Fun＋Peak!!（ファンたすピーク!!）』は、
マークさんとKEIKOさんにご出演いただき大成功でした。
そして放送１周年を記念した書籍の発売……
あらためて応援してくださる皆さんに心から感謝申し上げます。
本書には出演者による鼎談、ソロインタビュー、傑作選などなど、
番組とglobeの魅力を伝えるべく様々な企画が盛りだくさんです。
購入者への豪華特典として「おまけラジオ」も38ページに掲載！
ぜひ最後まで番組の朗《ほが》らかな雰囲気を体感してほしいです。
それでは、まずはスペシャル鼎談よりお楽しみください！

time to start
JOY TO THE OITA+
STORY

スペシャル鼎《てい》談《だん》

ごめんなさい ありがとう そして これからも

祝！『JOY TO THE OITA+』放送1周年！
軽妙なトークでいつも番組を盛り上げている3人ですが、
今回は本書のための本音鼎談が実現しました。
それぞれの想いとリスナーへの感謝の気持ち、
そしてこれから進むべき道について——。
笑いと感動が詰まった2500字インタビュー開演！

KEI-KO、15年ぶりのステージへ！

銭川寛人（以下、銭川）：マークさん、KEI-KOさん。今日は出演者3名による特別鼎談《ていだん》をよろしくお願いします。といっても、いつもの『JOY TO THE OITA+』のオンエアと同じように、ゆるい感じでお話しできればと思います。まず、先日はOBS70周年感謝祭（32ページに詳細レポート掲載）にご出演ありがとうございました。

マーク・パンサー（以下、マーク）：ありがとうございました。

銭川：イベントは本当に大盛り上がりで！

KEI-KO：よかったです。

銭川：参加されてみてどうでした？

KEI-KO：私はステージに上がるのが、本当にめちゃくちゃ久しぶりだったので。

銭川：15年ぶりぐらいですか？

KEI-KO：きっと15年以上になるのかな。

銭川：だからでしょうか、KEI-KOさんの表情がラジオのときとちょっと違う感じでしたよね。

KEI-KO：違いました？　本当!?

マーク：KEI-KOが最後にステージに上がったのは、何のイベントだったっけ？

KEI-KO：私も最後のステージは何だろうと思ってたの。

マーク：2008年のa-nationで『Get Wild』を歌ったのが最後かな？　僕がまだ黒髪の頃で、雨が降っちゃった日。

KEI-KO：それとは違うな〜。たしかその次の年のa-nationだよ。3人とも白いスーツを着て、私が金髪で。

マーク：ああ、そうか。あのとき以来、人前に出てない？

KEI-KO：かもしれない（笑）。

マーク：それから考えると、やっぱり15年ぶりぐらいだね。

銭川：そのあいだ、マークさんはDJ活動や音楽プロデュースなどさまざまなイベントの舞台に立たれていましたが、やっぱり一緒にステージ上に立つというのは、とても感慨深かったのではないでしょうか？

KEI-KO：本当にそうだよ〜。

マーク：でもさ、KEI-KOって毎回、準備なくいきなりすごい人数のところに立たされるじゃない？

一同：（笑）。

マーク：デビューのとき（1995年8月）も、準備なしで突然10万人の前に立たされたように、今回も準備なく（笑）。もちろんOBSのラジオには出ていて、（スタジオの）ガラス越しに何十人かの観客はいてくれるけど、OBS70周年感謝祭でもいきなり5000人を前に「じゃあお願いします」って（笑）。やっぱり、いきなりはドキドキするんじゃないの？

KEI-KO：うんうん。しますねぇ（ニッコリ）。

マーク：10万人を経験してるとはいえ、最後のステージから15年以上が経ってて。それが今回もいきなり大人数なわけじゃない？　それでも、あれだけの人を感動させられる。緊張はしてるんだろうけれど、**それがKEI-KOなんですよ。「持ってる」んですよ。**

KEI-KO：ただ、歌以外で何千人とか何万人の前に出るっていう経験があんまりない。だからこそ、今回のイベントは緊張しちゃった

snap!

かなぁ。「joy joy〜♪」って音楽（『JOY TO THE OITA＋』のオープニング）が鳴っている間はそこまで緊張しなかったんだけど、その音がプチッて切れて次の瞬間に出番が来て……そういう登場シーンはあまり経験ないから。

賎川：たしかに。LIVEのように常に音が鳴っていれば違和感はないですけど、音が止まってしまうと……。

KEIKO：だから「私の入るタイミングがない！」っていう感じでした。ずっと音が鳴っていたら、そこにスッと入れるんだけど……！

賎川：70周年感謝祭は、フリートークがメインでしたもんね。そういう意味でのドキドキ感もありましたか？

KEIKO：そう、そのドキドキ感。トークがメインだから、素の自分をすごく見られてる感じがして……。

賎川：なるほど。でも、会場に集まった大分県の皆さんとglober（グローバー）の皆さんって、マークさんとKEIKOさんが並んでいる姿はもちろん、素のKEIKOさんも見たかったと思うんですよね。

KEIKO：そうなのかなぁ（ニッコリ）。

マーク：そうだよ！ みんな、元気なKEIKOに会いたくて、元気な姿と話しているところを見れて喜んでる。となるとやっぱり次は「歌ってるKEIKOを」……って雰囲気だったよね。やっぱりKEIKOは歌い手さんじゃない？ 歌姫なわけだから。

KEIKO：そうだね。**いや、歌姫じゃないけど（笑）**。

マーク：歌姫だよ（笑）。しゃべり手さんじゃないじゃん。たしかに『JOY TO THE OITA＋』の生放送には出てるけど、しゃべる練習は今はそこしかないじゃん。その場で即興で考えてしゃべる、みたいな。あと1年ぐらい経ってから500

「泣いてる人たちの顔、見たかったな〜」（KEIKO）

0人のイベントがあったら、もっとしゃべれたんだろうけれど。

KEIKO：そうそう、そうなのよ〜。

マーク：それでも、あの日は元気でうぶなKEIKOのジョークがあって。あれ、よかったですよね。

賎川：あれですね、リスナーの方が「今どういうふうに過ごしてますか」って質問をKEIKOさんに投げ掛けたとき、**「それは言えんな」**って返した（笑）。KEIKOさんがそう言われたときに、「あ、いつもどおりや！」と僕は思って。

マーク：すごいなと思うよね。

KEIKO：いやいや（笑）。

賎川：**一言目からボケてきたと思って**（笑）。

KEIKO：ボケたつもりはありません（笑）。

マーク：ラジオなんだから普通はそれっぽいことをしゃべるじゃない。その内容が本当だろうが、うそだろうが、まあ関係ないじゃない（笑）。でも、そうじゃなくて「それは言えません」って……**「おい！」ってステージ上でKEIKOにツッコんじゃったよ**（笑）。

賎川：しかも、一言目でそれ！

マーク：それで会話終了、ちゃんちゃん。みたいな。

KEIKO：ちょっと！ 私の当日の緊張ぶりを察してよ（笑）。

賎川：でも、そんなKEIKOさんの姿を見て、「うわー！」って盛り上がっていましたよね。

KEIKO：（少し照れながら）そうですかねぇ。

賎川：そういえばKEIKOさん、ステージ上から会場に来てる方々の表情は見えましたか？

KEIKO：見えた、見えた。見えましたよ！ ニコニコしてたよ〜、みんな。

賎川：すごい感動してる方もいましたよね。

KEIKO：**あぁ、そこまでは見えなかったですね。**

マーク：**正直やな**（笑）。KEIKOの正面にいた人たち、全員手が震えてて、泣いてる人までいたよ。

KEIKO：本当に!?

マーク：やっぱ、それはそうよ。KEIKO見たさで会場に来てさ。もう「おるやん！」「動いてるわ！」「やべー！」みたいな。

KEIKO：そっか。泣いてる人たちの顔、見たかったな〜。

マーク：**普通、あの場で歌わなかったら卵とか投げられるでしょ**（笑）。

KEIKO：投げられるよね（笑）。

マーク：「歌えよ、この野郎」って（笑）。

賎川：怖い！ そんな、負けたときの日本代表みたいにならないですよ（笑）。

KEIKO：**卵ピシャ、ピシャ、みたいな！**（笑）

マーク：いや、だって、軟式globeが歌った次の振り方が**「次は本物いきましょう！」**みたいな感じで（笑）。そう言われたらみんな「次こそ本物が、歌うんや！」としか思わないし。でも、全員が納得してた。歌わなくても、納得して感動してくれたわけだから。KE

ーKOには、その力があるんだよね。それが、すごかったな。

OBS70周年感謝祭がYahoo!のトップニュースに

賎川：感謝祭の日にOBSが配信したニュースが、Yahoo!のトップニュースになったのですが、お2人ともご覧になりましたか？

KEIKO：なった！　見た!!

賎川：いや、もう素晴らしい。感謝祭に華を添えてくださってありがとうございます。

マーク：トップニュースですよ！

KEIKO：トップニュースはすごい!!

賎川：いろんなトピックがある中でトップニュースになって……私、うれしくてスクリーンショットも撮ったんですよね。ちなみにYahoo!ニュースについたコメントはご覧になるんですか？

KEIKO：見ますよ～。

マーク：KEIKOは見るね。

KEIKO：**私、すごい見るの。マークは見ない（笑）。**

マーク：うん。俺、自分のXのポストについたコメントもほとんど見ない。

賎川：それぞれ違うんですね。

マーク：そのYahoo!コメントにはいろんな感想が書かれていましたね。

マーク：だからKEIKOが見てると、毎回怒るのよ。「そんなの、見るなよ！」って。

KEIKO：中にはすごく悪いのもあるんですよ。**でもそれが面白くて。**

マーク：**それが好きなの!?（笑）**

賎川：でも、人前に出続ける方って、想像できないほどのプレッシャーやストレスがあるから、それぐらいの強い気持ちじゃないと務まらないというか。

マーク：そうよ。でも、それで（精神的なダメージを）食らっちゃう人も、いっぱいいるから。

KEIKO：本当、本当。

マーク：KEIKOには、そうなってほしくないじゃない。

KEIKO：**ならない！（キッパリ）**

マーク：**それなら、大丈夫（笑）。**

KEIKO：**絶対にならない。そんなコメント程度で絶対に不調にならない！**

マーク：ああ、よかった。

KEIKO：**なるかい！（笑）**

賎川：ですが、今回のイベントについては9割以上が好意的なコメントばかりでした。

マーク：ああ、いいね。よかった。

KEIKO：それはよかった、よかったです（ニッコリ）。

賎川：例えば「KEIKOさんがステージに上がってくれてうれしい」とか「また2人でステージに立つ姿を見られるなんて感激しました」っていう内容のコメントが目立ちました。KEIKOさんは、ご覧になってどう思いました？

KEIKO：マークに「見るな」って言われたから、結構パッパッと読み飛ばしてたけど（笑）。そんな中で「いいコメントがあったよ」「でも、こういう悪いコメントもあるよ」ってお母さんに話したりして。

マーク：やっぱりいいコメントあるとうれしいね。

KEIKO：そう、うれしい。その中でも、熱いメッセージを見つけるとうれしい。**でも、マークは絶対見てくれない**（笑）。

「ステージ上でKEIKOにツッコんじゃったよ（笑）」
（マーク・パンサー）

「感謝祭に華を添えてくださってありがとうございます！」

（賎川アナ）

マーク：いや、トップニュースになったっていうのは、うれしいことですよ。なんか「待っててくれてる感」があるんだ、みたいな。ずっとやってきてよかったなって。

KEIKO：よかったねぇ。

マーク：結局、何もなく終わってしまうのが嫌で、大分でラジオを続けてるわけじゃないですか。1回でもいいからglobeとして番組に出る……それが、僕の中の「奇跡」ってやつで、それでglobeが終わったら納得もするんだけど。だけど、僕とKEIKOの登場がトップニュースになるっていうことは、みんなやっぱり「globeを見たい」と思ってくれてるわけで、終わっちゃいけないんだなって。

KEIKO：そうだね。

マーク：これで、大きな何かが動くのかもしれないな、って思った。実際に動いてくれたらいいな。

KEIKO：今日（感謝祭の翌日）ここに来る前に、テレビ番組を予約してこようと思ったら、『ミヤネ屋』で「globeのKEIKO」って見出しが出てたの！

賎川：全国の人気番組の見出しに！

KEIKO：そうそう。「デカっ！」ってぐらいの大きさで（笑）。

マーク：ファンの人たちからも、Xとかに報告が来るわけよ。「あのニュースにこんなふうに出てたよ。こんなことがあるよ。あんなことがあったよ」って。僕、globeでわかんないことがあると「あの頃、俺、何やってた？」って聞くのよ。ファンのみんなは僕よりも詳しいから。

賎川：教えてくれるんですよね！

マーク：昔、『しずちゃんとマーク・パンサーのGLOBISM（グロビズム）』（『JOY TO THE OITA＋』の前身番組）の頃、まだKEIKOはいなくてしずちゃんと2人で番組をやってたとき、「このときは、どうだったんですか？」みたいな質問が来ると、**テーブルの下でSNSを使ってファンのみんなに聞いてたもん（笑）**。

賎川：確かにそうでした（笑）。「マークさん、これ本当に覚えてます？」って言ったら、「覚えてないんだよね。でも、ファンの人が言うには……」ってやりとりが何回もあったんですよ！

KEIKO：そう、本人たちは本当に覚えてないの。でも、よくこの2人だけで番組できてたよね。「大丈夫？」って、私が言うなよってね（笑）。

賎川：実はこれ、本当にぶっちゃけの話なんですけど、『GLOBISM』でも、globeの楽曲について語ってもらうコーナーをやってたんですが、**2000年を超えた瞬間から、マークさんから全然エピソード出てこなくなったんです（笑）**。

KEIKO：昔、インタビューって何社も連続で受けてたから、マークは5社目くらいになると「この曲には、どんな思い出がありますか？」って聞かれても「忘れちゃった」って言ってたもん（笑）。いや、「さっきのインタビューまで、ずっといっぱいカッコつけた言葉語ってたじゃん！」って思ってた。

マーク：そうだったっけ（笑）。

KEIKO：でも、昨日も、マークがいてくれて本当によかった。楽しかった。1人だったらちょっと無理！

賤川：十何年ぶりにステージに出るっていうことだけでYahoo!のトップニュースになるって、とてつもないパワーだと思うんですよ。歌を歌うとかだったらわかりやすいと思うんですけど、ステージに立つっていうことで、これだけニュースになるなんて感動しました。

全員の波長が合って いい波が来ている

賤川：マークさんもKEIKOさんも1995年から2000年ぐらいまで、とんでもないハードな日々があって、KEIKOさんはご病気もあって……そのあいだも、マークさんは、「ともしび」を消さないようにいろいろな活動をされて、また今こうして全国的な話題に上がりましたが、ここに至るまで、人生の起伏をさまざまに経験されてきたと思います。

マーク：波ね。人生の波っていうのは、いろいろあって。サーフィンをやってても一緒なんですけど、**波を選ばないと大きなチャンスは得られないんですよ。**どんな波にでも乗ってたら、へんてこな波だって、来るわけですよ。

KEIKO：**いいところにまとめてきたね（笑）。**

マーク：そうそう、僕自身にもいろんな波がありました。例えばモデルとしていろんな雑誌に出てきたけど、あるとき『MEN'S NON-NO』っていう波が来た。いくつも雑誌がある中で、なんでメンノンの波を選んだのかっていうと、あの波はでかかった、形も良かった、最高だったんです。あそこでモデルとして当時ドカンといったわけですよ。毎月250万部とか売ってたからね。

すごい波はもちろん、やっぱりglobeですよね

KEIKO：250万部！　それはすごい。

賤川：すごいですね。その初代の専属モデルで、毎月登場ですもんね。

マーク：その次に『MTVジャパン』（音楽専門チャンネル）っていう波が来たわけ。そして、その次にglobeというもっと大きな波が来たわけです。僕の中では、そうやって波を選んできた。だから、もしかしたら、昨日の感謝祭は、次の波のうねりが来始めてるっていうことなんじゃないの？　って。きっと、スタッフとメンバーとファンと全員の波長がぴったり合ったときに、次の素晴らしい波が来るんじゃないのかなって考えてますね。**今、思いついたことを言ってるだけだけど（笑）。**

一同：（笑）。

賤川：あらかじめ考えてきたかのような言葉を（笑）。

KEIKO：それがねぇ、**当時は5**

社目ぐらいのインタビューになったら、これを言わないんです（笑）。「マーク、あの言葉を言ってくれたらいいな〜」と思った矢先に「忘れちゃった」って。あれ？　みたいな。

マーク：1回にまとめて5社、来てよ（笑）。

賎川：共有してよって（笑）。

KEIKO：そんな生意気なアーティストって！（笑）

賎川：だけど、OBSラジオで始めたこの波も、ちょっとずつ、大きくなってきてますもんね。

マーク：そうよ。『GLOBISM』が終わったときは、その波が消えそうになった。けど、また波を起こしてくれたのがOBSとスポンサーとファンだった。その波長が合うのをずっと待ってたら、2022年の7月にKEIKOが電話をしてきてくれて、2023年の1月にはKEIKOがレギュラーとして参加してくれた。波長が合うとそういう素晴らしい波が生まれてくるわけですよ。

KEIKOからマークへ「いろいろごめんなさいと、ありがとう」

賎川：KEIKOさんも波でいったら、今まで相当いろいろあったと思うんですよ。

KEIKO：ありましたね。ありましたねぇ（しみじみ）。

賎川：あらためて振り返ってどうですか？

KEIKO：どうでしょうね。すごい波はもちろん、やっぱりglobeですよね。でも、それまでの私の波は穏やかでしたね。だから起伏っていうよりは、「どかーん！」って大きな波に乗って……今も波には乗っているんですけどとても穏やかですよ。

波を選ばないと大きなチャンスは得られないんですよ

賎川：当時は、急にバコーンって上がった感じでしたもんね。

KEIKO：バコーンでしたね。

マーク：初波がでかかった。

KEIKO：そういうこと。サーフィンに例えるとそうですね。

マーク：それに乗ったんだ。こけずに。

賎川：普通だったら、波がデカすぎて、メンタル的に「もう無理かも」ってこともあり得るわけなのに乗ったんですね。

KEIKO：そうそう。「君、乗れないでしょ」っていう波がボーンって来たんだけど。

マーク：ちょこちょこ練習はしてたけど、いきなり巨大な波が来た。まあ、練習してたから乗れたんだとは思うんだけど、KEIKOはちゃんと乗ったの。コケずに。普通コケるもん、でっかい波って。

賎川：今までステージ上がるなんて町のコンテストや学園祭ぐらいだった人間が、急に何万人の前で歌うわけで。普通はやっぱり無理ですよね。

KEIKO：**当時、私は何を考えてたんだろうね（笑）。**

マーク：とにかくすごいよ。

KEIKO：すごいですかね。

マーク：やっぱり「デカい夢をつかむ」というパワーがすごい。KEIKOは小さい頃に、のど自慢大会で優勝してたりするから、必ず「その波には乗れる」っていう自信はあったんだろうけれど。

KEIKO：うん、それはあったと思う。

マークには本当に「ごめんなさい」と「ありがとう」です（KEIKO）

マーク：しかも、こけずに乗ったんだからすごいことだよ。

賤川：そうですよね。あとKEIKOさんの波でいうと、病気になってしまって、身体的に思うようにいかない生活を送ったり、音楽活動が思い通りにいかなかった経験もされましたよね。

KEIKO：ありましたねぇ。

賤川：でも**マークさんが、その間にいろいろとつないでくれていて。**

KEIKO：（しみじみと）本当にそう……。

賤川：そのときはどんな思いだったんですか？

KEIKO：私は謝りたかったし、でも何より「ありがとう」を最初に伝えたかったんだけど……なんかね、邪魔するものがあったんですよ。自分の心の中にいろんなことがね。

賤川：邪魔するものって、言える範囲で言うと……。

KEIKO：**ちょっと、聞いてこなくていいよ**（笑）。

一同：（笑）。

KEIKO：なんてね（笑）。いろいろとありましたね。

マーク：感謝祭の日、テレビ特番の中でKEIKOが僕へのメッセージとして**「いろいろごめんなさい、そしてありがとう」**と言ってくれたのは、ぐっときましたよ。

賤川：感謝祭の日のテレビ特番『OBS 70th 感謝祭 Fun＋Peak!!』に出演されたときですね。ファンの皆さんからいただいた質問をカプセルに詰めたガチャガチャを引く企画で、「マークさんに今伝えたいことは？（マークさんの顔を見ながら言ってほしいです）」という質問が偶然、最後に出てきて。そこでKEIKOさんは「いろいろごめんなさい、そしてありがとう」って言いました。

マーク：僕は大人だから、その言葉を大げさに受け止めてはいけないんだろうなとは思ったんだけど、**涙が出るほど感動しました。**500人が見ているステージ上じゃなく、違う場所で言われたら泣いてたかもしれない。でも、僕はそんな言葉をかけてもらうほどいろいろ気にしてなかったんだけどね。

KEIKO：でも、**彼には本当に「ごめんなさい」と「ありがとう」です。「ごめんね」が最初で、「ありがとう」で終わりたい。この2つしかない。つくづくそう思います。**

賤川：ごめんねとありがとう。

KEIKO：この言葉に、マークに対するいろんな思いが詰まってるんです。

賤川：時を経て、KEIKOさんの中でマークさんに対して心境の変化などもあったんですか？

KEIKO：ありました。ありましたよ、もちろん。いや、いろいろありすぎて……**じーんとして泣けてきちゃった。このドリンク、お酒入ってない？**（笑）

賤川：そこの自販機のコーヒーです（笑）。

マーク：**強いて言えば、砂糖とミルクが入ってる**（笑）。

KEIKO：私、物事をすごく客観的に見てしまう面と、逆にそうでもない面があって。そういうことが積み重なって、病気になったんだよな、とか。休んでいる間はいろいろ考えちゃったりもしたんですけど。

賤川：けど、みんな病気になりたくてなるわけじゃないし、結果論じゃないですか。どうしようもないと思うんです。

KEIKO：どうしようもなかったね、本当に。本当にそうです。

賤川：あらためてその時期を振り返ると、周囲のバックアップはもちろん、なんといってもマークさんがglobeとしての活動を続けてきてくださったことが、すごく大事だったんですよね。

KEIKO：そうですね。この世界にいると、見えやすい、わかりやすいバックアップがある。その一方で、気づきづらいバックアップもあるじゃないですか。そういうものにすごい、今、じーんとしますね。それがファンからのメッセージだったり、感謝祭の記事がトップニュースになったことだったり。そういうことを含めて、私が気づかないところでどんなバックアップがあったんだろうと今は考えています。いろんな人が支えてくれてるんだって、つくづく思います。

賎川：だからこそ、KEIKOさんのファンの方々に対する目線も、過去の20代のときの目線と今とでは違う、というか。

KEIKO：違いますね。

賎川：たぶん30代のときと今とも違う。いろいろと大変だった時期を乗り越えたからこそ、見る目線が変わってきたりなんていうこともありそうですね。

KEIKO：そうですね。今、振り返って考えると、そんなに大変じゃなかったですよ。確かに、肉体的にきついとか、精神的にもいろんなことあったけれども、いい経験したなって思いますよ、たくさん。つくづく思います。でもね、**まだまだしていこう。いい経験をね！**

賎川：すごい、素敵です。

KEIKO：していこうね、マーク……ちょっと！

賎川：**マークさん、今、携帯見てましたよね（笑）**。

KEIKO：私がこういう真面目なことを話してると、たいがい聞いてない（笑）。

賎川：真面目な話のとき、マークさんはちょっとボケたくなるタイプですよね。せっかくKEIKOさんがいいこと言ってたのに〜。

KEIKO：そう、私のときは全然聞かない（笑）。これ、昔から変わらない！

マークとKEIKOから見た賎川アナウンサーの評価

賎川：ここからちょっと、私、アナウンサーの立場でめちゃくちゃ聞きにくい質問なんですけど、「大変、僭越《せんえつ》ですが、私の司会ぶり、MCぶりはいかがでしょうか」。この質問、この本のスタッフからどうしても聞いてほしいと、今日の台本にも書いてあるんですよ！ ど、ど、どうでしょうか？

KEIKO：しずちゃんの？

賎川：はい……。

KEIKO：なんにも問題ないでしょ、なんにも。いつも助けられています。

賎川：ありがとうございます！

マーク：**でもさ、ちょっと……なんかね。**

KEIKO：**……まあね。**

賎川：ちょっと、ちょっと！ なに？ なに、今の！ 一番リアルな感じで言うやん。「ちょっと、なんかね」「まあね」みたいな（涙）。

マーク：いや、もう本当に助けられてるよ。

KEIKO：**しずちゃんがいるからこそ、私たち台本覚えてないよね（笑）**。

マーク：そうだよ（キッパリ）。でもね、しずちゃんの勉強と努力が、トークの中にいっぱい出てる。だって年齢、30歳ぐらいでしょ？

「KEIKOの言葉に涙が出るほど感動しました。」
（マーク・パンサー）

「2022年7月4日。生放送にKEIKOさん、電話出演！」
（賤川アナ）

賤川：1991年生まれなので32歳です。
マーク：1991年生まれっていうことは、globerとしてすごく若いほうなのよ。だってglobeは95年デビューなわけだから。
KEIKO：そうそう、95年の8月。
マーク：だから知らないことが多くても普通なのに、それをしっかり勉強して……**で、たまに間違える（笑）**。
一同：（笑）。
賤川：そうですよ、ちょくちょく間違えるんですよ（赤面）。だからこそ、リスナーさんや番組スタッフからglobeについて教えてもらうんです。
マーク：でもそこが、この番組のいいところなのよ。完璧すぎちゃうと、だめなの。みんな、完璧すぎるものを作ろうとするわけよ。でも、**この『JOY TO THE OITA+』は自然体でやってるから、みんなが「面白いな」って感じてくれてる気がする。**
賤川：マークさんとKEIKOさんにも、放送中にたくさん話していただいて助かっています。結構僕、生放送中でも、ざっくりとした振り方をするじゃないですか。
マーク：その振るタイミングが絶妙なのよ。いいのよ、それが！
KEIKO：そのざっくり感がいい！
賤川：ありがとうございます！
マーク：その振るタイミングが絶妙じゃない人っているのよ。
KEIKO：いるいる、いるのよ（笑）。私はしずちゃんのざっくりのほうが答えやすいです。細かく「なんとかなんですよね」って言われちゃうと「はい」で終わっちゃう。
賤川：うれしいです。そういえば、マークさんとは2019年から番組を一緒にやってきてきましたが、いろんなことがありました。一時期、スタジオでミキサーもいなくて、2人だけで収録してたときがありましたよね。
KEIKO：そんなことがあったんだ！
賤川：だから、さっきの波の話でいうと、明らかに「底のとき」も経験してるんです。マークさんとは苦楽を共にしてきて、その波にKEIKOさんが乗ってくれるようになってきたのが今なんです。
マーク：（メインスタジオのほうを見ながら）あんな立派なスタジオではやらせてくれなかったからね。**3階のお化けが出そうなスタジオでやらされてたからね（笑）。**
賤川：第3スタジオっていう、OBSのラジオブースの中で一番古いスタジオで！
マーク：それこそ機械も古いものばかりで、**ヘッドホンとか「どうやって着けんだよ、これ」みたいなのがあったよね（笑）。**
賤川：その節は大変失礼しました（汗）。KEIKOさんとの収録については、本職がアーティストだし、フリートークはそもそも専門ジャンルではないじゃないですか。かつ、久しぶりだから、できる限り楽しく話してほしいなと思っています。
KEIKO：さっすが！　おかげさまで楽しく話してますよ。

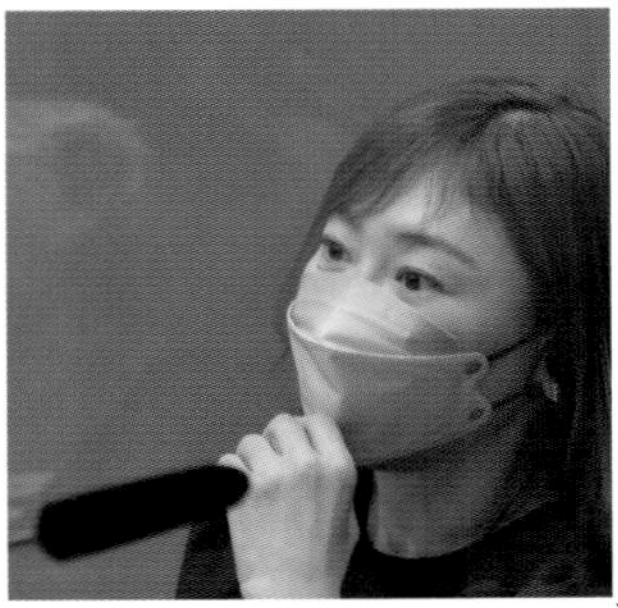

WOW!

賤川：ありがとうございます、よかったです。そう言っていただいて。

KEIKO：**しずちゃんじゃなかったら、こんなふうにはしゃべれなかったと思うよ。**

賤川：こういう言葉、いつも面と向かってちゃんと言ってくれてもいいですからね！

KEIKO：**照れてる（笑）。**

賤川：（顔を赤くしながら）ありがとうございます、本当に。

実は浮き沈みがあった番組の歴史

賤川：ここで、あらためてこの番組の歴史も振り返っていきたいと思います。『JOY TO THE OITA＋』、２０２４年１月でちょうど１周年になります。ありがとうございます、そしておめでとうございます！　簡単に振り返ると、まず２０１９年秋から『GLOBISM』が始まりました。そこから『JOY TO THE OITA』に名前が変わって、２０２３年１月から『JOY TO THE OITA＋』になりました。

check!

マーク：『GLOBISM』は何年やったんだっけ？

賤川：約2年ですね。

マーク：2年やって、途中で名前変わったんだっけ。

賤川：『GLOBISM』が２０１９年10月に始まって、半年ぐらいしてコロナ禍に入っちゃったんですよ。だからちょっと現場も大変だったんですよね。

マーク：そうだった、大変、大変。しずちゃんと離れて収録してたね。**俺は楽だったけどね（笑）。**

賤川：スタジオまで来ないから（笑）。

マーク：うん、家でやってた。でも、やっぱりスタジオで一緒にやらないと、生の雰囲気は出ないですよね。

KEIKO：ラジオってそうね。

マーク：でも、あの頃はラジオもテレビも何もかもリモートだから許されてたんだろうね。すべてがリモート。

KEIKO：あのときだけはリモートの空気感でよかったし。

賤川：そのあと『JOY TO THE OITA』に名前が変わったんですが、最初は収録のみだったんです。でも、マークさんが「生放送やりたいよね」っておっしゃってから変わっていったの、覚えてます？

マーク：そうそう。俺が一言「月1来るんだったら生放送入れたほうがいいよ」って言ったら「生放送にしましょう」っていうことになったの。

賤川：内容にも変化が見られました。

マーク：それまでの『GLOBISM』はglobeに特化したような番組だったんだけど、globeファンしか聴かない……なんていうのかな、「globeファンじゃなかったら面白くねえじゃん、この番組」っていうような番組になりつつあった。だったら番組名が変わるぞっていうときに、もうちょっと大分らしく、大分の人たちにも「おもしろい！」と思ってもらえるような内容にしようって話して、それで『JOY TO THE OITA』という番組になって。そこから「番組内でコーナーも作っていこうよ」「なんなら生放送じゃない？」みたいにどんどん膨らんでいったよね。やっぱり、コロナが続いているから、ちょっとずつ、やれることをやりたいという頭になったんじゃないかな。

KEIKO：そもそも大分にはなんで来たの？

マーク：**飛行機。**

KEIKO：**いやいや。本気なの？（笑）**

賎川：移動手段じゃないですよね(笑)。

KEIKO：**もうええわ(笑)。**

マーク：**大分に来てた本当の理由は、KEIKOがいるから。**

KEIKO：え、本当？

マーク：大分に来るためには、なんかイベントを組んでもらわなきゃいけないから。まず大分市内の「CLUB FREEDOM」でDJイベントを組むようにして。そしたら(地元の会社の)アーテックの社長さんがそこに遊びに来てて、仲良くなって。そこから、ラジオ番組の話が進んでいったんだよ。

KEIKO：そういうことか！

賎川：アーテックさんは現在も番組のスポンサーさんです。

マーク：『GLOBISM』からのスポンサー企業はアーテックと……。

賎川：黒田建商さん！ 今、残ってくださっているスポンサー企業でいったらその2社ですね。番組の進化とともに、スポンサーさんも替わっていきました。

マーク：そうそう。その2社がやっぱりずっと推してくれて、**その中でもアーテックがごり推ししてくれて(笑)。**

賎川：さまざまな面でサポートしてくださいました。例えば、大分空港(国東《くにさき》市)からOBS(大分市)までって遠いですよね。

KEIKO：本当に遠いよね(しみじみ)。

賎川：大分駅からOBSは近いんですけど、まず大分空港から大分駅が高速バスでも1時間以上かかるので、そこのマークさんの移動はどうするかっていう難問があったんです。そこでアーテックさんが送迎のお手伝いもしてくださって。

マーク：俺は「バスに乗りたい」ってずっと言ってたんだけど、バス乗せてくれないんだよ。

賎川：いや、だって、さすがに……。

マーク：「マークがバス乗っちゃダメだろう」っていう考えなんだと思うけど、違う違う。それはわかるけど、俺はバスに乗りたいんだよ。バスが好きなんだよ。でも誰もわかってくれないんだよ〜。「電車も好きなんだよ」って言っても、電車乗せてくれないんだよ。

KEIKO：マークはバスと電車移動が本当に好きだからね。

マーク：そう、本当に好きなんだよ！ 大分空港から臼杵市に1人で行くときは、佐伯ライナーってバスに乗るの。あのバスが好きなんだよ。

賎川：大分のこと、本当によく知ってますね！

マーク：**臼杵はバス停がスーパーの裏っ側にあるのがまたいいの(笑)。**

賎川：(うれしそうに)そうそう！

マーク：あそこから乗るのが好きなんだよ。

KEIKO：私も昨日、車であそこを通ったんだけど、「マークはこのバスに乗りたいんだろうな」とか思ってたよ。

マーク：まあ、公共交通機関に乗せてくれないぐらい、大事にしてくれてるってことだよね。

KEIKO：ね。さすが！

賎川：そうなんですよ!!

日本中に衝撃が走った運命の7月4日

賎川：そしてついに『JOY TO THE OITA』で生放送が始まりました。

マーク：始まったね。そしたら、スポンサーがどんどん増えてって。

賎川：そして運命の7月ですよ。**2022年7月4日。生放送のとき**

にKEIKOさん、電話出演！
KEIKO：**おー!!**（一同、拍手）。私が電話に出たわけだ。
マーク：そう、いきなりの電話出演だったね！
賤川：あれは震えましたね、マークさん。
マーク：**俺だけ知らなかったんでしょ？**
賤川：いや、みんな知らなかったですって！　ちょっと！　**本に載せるのにそんなウソを言ったら、めちゃくちゃ困ります（笑）。**
マーク：あ、でも2回目の出演か。俺が知らなかったのは。
賤川：2022年11月の2回目は、そうなんですよ。
マーク：俺だけ知らなかった！
賤川：そう、マークさんだけ知らなかった。でも、1発目、7月4日は本当に誰も知らなかったんです!!　生放送のスタジオに入っている僕らMC2人が一番知らないんですからね。
マーク：知らなかったよね。あれ、すごかったよね！　一瞬、放心状態になったんだよ。**放送事故のように、しゃべることができなくなっちゃったぐらい。**
KEIKO：「あれ!?」って。
マーク：「え？」みたいな。
KEIKO：**かわいい（笑）。**
マーク：本来、あのコーナーは視聴者から電話が来るんじゃないんだよ。こっちから電話するんだよ。それなのに向こうから電話来たから、**クレームが来ちゃったんだって考えた。**
賤川：通常はそう思っちゃいますよね（笑）。
マーク：ガラス越しにいるスタッフたちが「あ、どうも、少々お待ちください」ってバタバタしてて。「何やったんだろう、俺。スポンサーの名前、間違えてねぇしな～」みたいな。
KEIKO：そういういろんなことを、素で考えたんだね。
マーク：放送禁止用語とかさ！
KEIKO：言っちゃったのかなって（笑）。
マーク：**そしたら「もしもし」って声を聞いたら「あ、KEIKOやん!!」と。その瞬間もう、ダーッて鳥肌が立って、放心状態。**あれはすごかったね。あの回は。
賤川：だけど僕、実はスタッフの慌て具合を見て、なんとなく雰囲気を感じてはいたんですよ。裏側が、いつもにはない、なんか異質な空気とバタバタ感があったから。もちろん「なんかいけないこと言っちゃったかな」とか「謝る準備しなきゃな」とか心の準備をしていたんですが、「もしもし」って女性の声が聞こえた瞬間に、「あ、これはKEIKOさんだ！」と思ったけど確証がない。ここは**「マークさん、お願いします！」って**（笑）。
マーク：これはKEIKOやんって、ね。「来た……！」と思って。
KEIKO：ね。本当にね。
賤川：あの日、電話をかけるとき、緊張しました？
KEIKO：しましたよ。しました。だって、すごい久しぶりやったもん。
マーク：そう。11年ぶりでラジオの電波に乗った！　みたいな。
KEIKO：そう。だから緊張しました、しました。
賤川：あのときは、どんな経緯で電話をかけることになったんですか？
KEIKO：この話、誰からどう来たんだっけ……。
マーク：あ、思い出した！「よっぴー」がやったんだ。
KEIKO：そうだ！　そうかも!!
賤川：番組スポンサーの株式会社アーテックの柏木義

fuuum.

「いろんな人がKEIKOを動かしてるんだよ」（マーク・パンサー）

孝社長こと、よっぴーさんですね。

KEIKO：確か、よっぴーから「出てくれますか?」って言われたのがきっかけだったんじゃないかな。

マーク：いろいろ考えてくれてるね、みんな。

KEIKO：ゴルフのときに、たぶん言ってもらった。

マーク：そういうことだよ。**いろんな人がKEIKOを動かしてるんだよ。**

KEIKO：**私のお姉ちゃんも……。**

マーク：お姉ちゃんとよっぴーとゴルフに行ったときに盛り上がったんだ。

KEIKO：そうそう、そのときに話してて。私も「いいんじゃない!」とか言って。

マーク：それで本当に「ラジオの生放送に電話しちゃえ」みたいになったんだ（笑）。

賤川：そうだ。思い出しました。順番で言うと、よっぴーさんはマークさんの空港からの車移動を担ってくださったりとか、いろいろマネジメント的なことをされている中で、KEIKOさんともつながって。メッセージのやりとりをしてる中で「電話しちゃおう」的な流れがあったんでしたっけ?

KEIKO：……だったと思う。

賤川：だから、電話をかけてくれたんですよね。

KEIKO：ちょっと予定外のことだったやろ?

マーク：電話する、っていうのがすごいよね。普通はさ「しないよ! 嫌だよ!」とか言ったりするよね（笑）。**そもそも2年間、KEIKOはこのラジオを聴いてなかったんだから。**

一同：（笑）。

—smile!

いよいよ十数年ぶり ラジオ生出演へ

賤川：あらためて、話を戻すんですけど、そもそも大分にマークさんが来ていることは知ってました?

KEIKO：知ってた! 知ってたけど、こんなに来てるとは知りませんでしたね。

賤川：では、ラジオをやってることは知ってました?

KEIKO：知らなかった気がする……。

賤川：でも、大分にいることは知ってた。

KEIKO：（大きな声で）知ってた! たぶん、よっぴーとゴルフに行ったときに最初に聞いたんじゃないかな。「あ、そうなんだ!」って。

賤川：ここでまた、話がひとつ、つながったんですね。

KEIKO：クラブでDJをしてるっていうのも知ってましたよ。

マーク：そうだね、DJイベントはたくさんやってた。

KEIKO：「大分に来たときは教えてね」とか言ってたけどね。

マーク：別府の観光大使になったのは新聞を見て知ったんだよね。

KEIKO：そうそう。**お母さんが「マークが新聞に出てるわよ。うわぁ、懐かしい、取っときましょうね」って言ってた**（笑）。

賎川：同級生が出てるみたいな感じで（笑）。

KEIKO：そうそう。「マークが出てるわよっ！」って。それで私からマークに「新聞で見たよ」ってLINEして。

賎川：そういう流れから2022年7月の電話につながり。その瞬間から、いっぺんに時が進み始めましたよね。

マーク：だからこれさ、うちらの2～3年ごしの夢が、そこで実現してたのよ。**KEIKOがこの番組に出演をするっていう夢がさ！** 電話だっていいんだよ、KEIKOの声が乗った。よし、最初の夢を達成。じゃあ次の夢として「このスタジオに呼ぼう！」ってしずちゃんとブース内で話したんだよね。「ここに座らせよう！」って。

賎川：いつ呼べますかね、って具体的な話もしました。

マーク：それで、KEIKOから2回目の電話が来たときに……。

賎川：11月頭ですね。

マーク：「来てよ」って言ったら「うん、行くわよ」っていうふうになったんだよね。

賎川：そして11月末、KEIKOさんに実際にOBSラジオのスタジオで生出演していただいたんですが、これがもう大変な話題になって！

KEIKO：そうだったね～。

マーク：その反響の大きさでレギュラーが決まったんですよ、すごいんだよ。

KEIKO：（微笑みながら）ね。

賎川：11月末のスタジオ生出演のときも、KEIKOさん、電話出演とはまた違う緊張感がありましたか？

KEIKO：すごい緊張した～。

マーク：そういえばさ、KEIKOのスタジオ生出演の日をまとめたYouTube（OBS大分放送）もあるけど、これ300万回再生ぐらいいったの？

賎川：現時点（2023年12月）で400万回以上再生されています！

fuuum.

「よっぴーから「出てくれますか？」って言われたのがきっかけ」
（KEIKO）

マーク：すげえ！

KEIKO：すごい！

賤川：息がピッタリですね（笑）。KEIKOさんがラジオ出演される前日も、いつもにはないそわそわ感はあったりしました？

KEIKO：それはなかったです。

賤川：ないんですね！

KEIKO：なかったです。だからこそ当日に緊張するんですよね。

賤川：実際にスタジオに来たときはいかがでしたか？

KEIKO：スタジオに来たときは、めちゃくちゃ緊張する。でも、前の日とかは全然。あまり考えない。ダメなんですよ。それを考えだすと、眠れないから。

マーク：当日スタジオに入って、あ、あ、みたいな感じでだんだん緊張がやってくるんだ。

「私とマークさんも、ちょっとそわそわしてたんですよ」（賤川アナ）

KEIKO：そうそう。私、事前に考えたらあれこれ浮かんじゃって、余計緊張しちゃうの。ライブもそうです。「あそこで、こうしなきゃいけない」とか前日に考えたら、絶対にダメ。ゲネプロっていう本番前の最終リハーサルで、なんとなく体で覚えなきゃっていう感じで。もう前日は、そこまで考えない。

賤川：そうなんですね、貴重なエピソードをありがとうございます。

KEIKO：でないと、もしこうなったら、ああなったらって、結構ネガティブに考えちゃうので。

賤川：うまくいかなかったパターンを考えてしまう。

KEIKO：そう！　うまくいかなかったパターンばかり考えちゃうので、ダメなんですよ、たぶん。小心者になる。

賤川：いや、小心者といっても、当日はすごく堂々とされてましたし。だけど、あの日はやっぱり、いつもにはない数のスタッフがいて。

マーク：あ、いたね〜。

賤川：私とマークさんも、ちょっとそわそわしてたんですよ。

マーク：やっぱ、スタッフが多くなるね。あと、**普段はいない局の偉い人が来る**。

一同：（笑）。

マーク：**楽屋も大きくなるしね**。

賤川：すいません（笑）。普段の収録現場で一番偉い人はオオトモP

（プロデューサー）なんです。でも、そのさらに上の人たちが来てて。「こんな人、いつも来ないじゃない！」みたいな人まで。

マーク：**楽屋にお菓子も並ぶしね。**

賎川：見たことないチョコとかありました。

マーク：そう、あったね。すごい、すごい、すごいっす。やっぱりKEIKOは、すごいっす。KEIKOが来るようになって、スタジオも大きなサテライトになったし、だんだん面白くなってきましたよ。波は立ってきました。

KEIKO：いい波ですか？

マーク：最高にいい波だよ。

賎川：マークさん、あの日はお2人そろって久しぶりの共演だったわけですがいかがでしたか。

マーク：十何年ぶりですよ、感動ですよ！　この十何年ぶりのトークがなんにも変わってないところが、またいいんじゃないですか？　昔は2人でラジオをやってたんですよ。

KEIKO：やってた！

賎川：『driving A GO!GO!』ですね。

KEIKO：そう、それだ！

マーク：それを復活させるような感じで当日は収録して。そこから今まで『JOY TO THE OITA＋』を1年ぐらいやってきたわけですよ。

KEIKO：昔みたいに2人でやってる感じがリラックスできる。（賎川アナのほうを見ながら）そう言ったら、ちょっと、また語弊があるか（笑）。

一同：（笑）。

KEIKO：マークとポン、ポン、ポンって、いい波に乗っていける気がして。

マーク：でも今はそこに、しずちゃんの絶妙な振りがあるわけですよ。

KEIKO：そうそう、絶妙だよね。

賎川：フォローをありがとうございます！

マーク：KEIKOと僕の2人だけにしちゃうと、またちょっと昔の『GLOBISM』っぽくなってくるから。

賎川：でも、やっぱりファンの方々は、

マークさんとKEIKOさんの和気あいあいとした話を聞きたいと思うんですよね。
マーク：**それは偉い！**
KEIKO：**偉い!!**
賎川：ありがとうございます（笑）。

地元・大分の魅力をまたひとつ知っていく

マーク：僕はラジオをやりながら、大分県民とか、それほどファンじゃないけど「globeのことは知ってる」っていう人たちを、どう取り込むことができるのか、どんな放送にすれば面白いと思ってもらえるか、みたいなことを考えながらやってるんですけどね。
KEIKO：それ、大事。それ、大事。
マーク：コアな人たちは、すでに聴いてくれていると思うから。
賎川：そういう意味で今、毎週、企画を変えて放送していますよね。
マーク：いや、もう最高ですよ。たとえば僕としずちゃんがロケで買ってきたお土産を、スタジオでKEIKOと試食して、「あー、おいしい」「うまいね」とか話しているところなんか、もう最高です。
賎川：第1週が生放送、第2週が、「Discover globe」でglobeの曲をマークさんとKEIKOさんの視点からいろいろと深掘りしていく。第3週がお悩み相談コーナー「切なさライセンス」。このコーナーの名前を付けたのはKEIKOさんですね。第4週が外ロケ企画で大分の魅力を伝える。外ロケに行ったときは、だいたい何かしらのお土産を持って帰るっていう。
マーク：どれも面白いよね。
賎川：だから、KEIKOさんにも大分のことをまた、またあらためて知ってほしいなって。
KEIKO：知っていってますよ。今、この年齢になってね。大阪に出たのが18歳のときだから、大分には18年間しかいなかったわけで。
賎川：行動範囲なんて決まってますもんね。
KEIKO：決まってます、決まってます。**しかも、臼杵ですよ**（笑）。
一同：（笑）。
KEIKO：このスタジオがある大分市内で育っていたら、まだ詳しかったかもね。今でこそ、電車も乗ったりするから行動範囲も広いんだけど。
マーク：**KEIKOは石像にしか詳しくないですから。**
賎川：国宝の臼杵石仏ですね。
KEIKO：**いや、私、石仏、まったく詳しくない**（笑）。
賎川：そうでしたか（笑）。あの大分を回るロケではKEIKOさんにいつもお土産を持って帰るじゃないですか。本当にこれ、よくネタにされますけど、マークさんにめちゃくちゃ過酷なスケジュールでロケをしてもらってるんですよね。というか、**振り回してる。連れ回してる。ぶん回してる**（笑）。
KEIKO：みたいですね（笑）。やってるね！
賎川：東京から来た出版社（ワニブックス）の編集者さんが、ロケの日のスケジュール表を見て、驚いてましたよ。**「えっ、ちょっと待って。あのマークさんを、朝6時から夜の21時ぐらいまで拘束するんですか!?」**って（笑）。
一同：（笑）。
KEIKO：本当、本当。本当に過酷（笑）。
賎川：とんでもない拘束時間のときがたまにあるんです。「これ、マークさん怒らないんですか？」って編集者さんが心配するぐらい。
KEIKO：私もよっぴーに聞いて、びっくりしちゃった。でもマークは今や別府の観光大使になっちゃうし。
賎川：過酷なロケの成果ですよね。一応、お昼ぐらいからロケがスタ

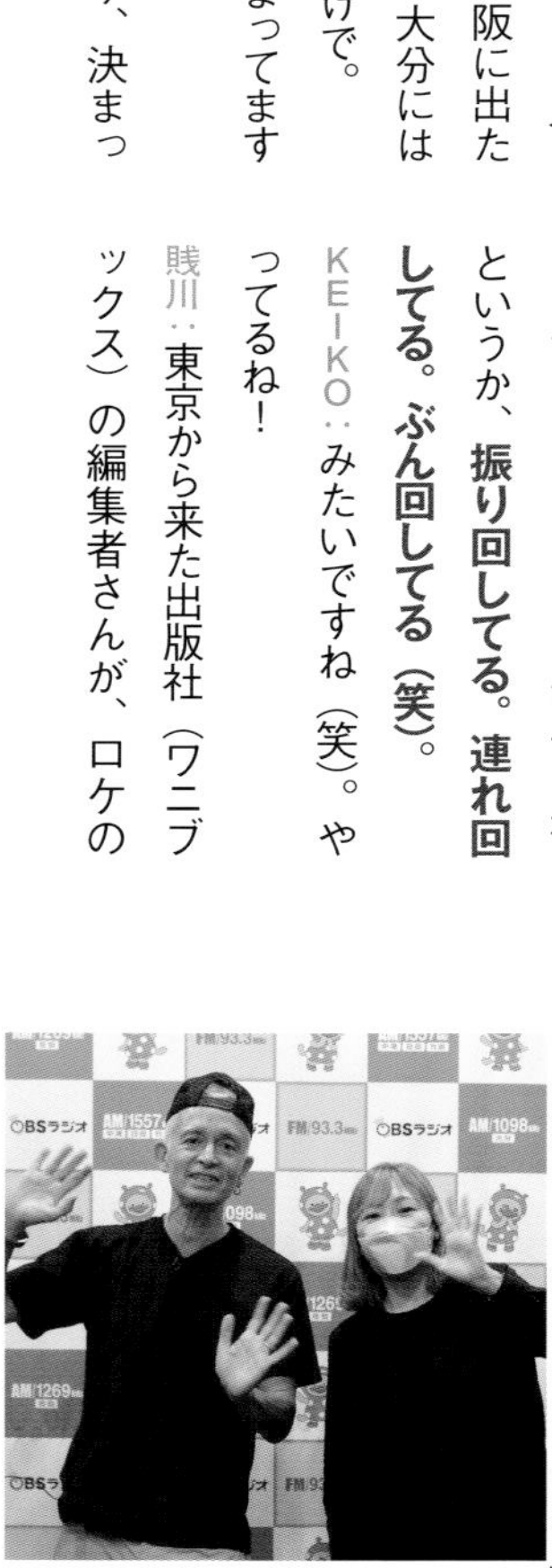

—wow!

ートするイメージはしているんですけど、たまにいろんなことが重なって、早朝からになっちゃうんですよ。あるときは、日出町《ひじまち》から竹田《たけた》まで1時間半以上かけて移動して、みたいなこともありましたね。

マーク：たしかにロケは基本12時スタートなんだけど、12時に大分県に来るためには、**俺、4時に起きないとダメなの。**

一同：（笑）。

マーク：お昼から、ロケ、ロケ、もう過酷なロケがあって。いつもホテルに戻れるの、夜の10時ぐらいなんですよ。

賎川：がんがん詰められてる（笑）。

マーク：そのロケのあとにスタジオで4週分の収録をやって、最後に生放送もするわけです。

check!

賎川：しょうがないんですよ。月1収録だからしょうがない（笑）。

マーク：**なんで一番疲れる生放送が、その日のスケジュールの最後にくるんだよ！**

KEIKO：それ、私も思ってた！（笑）

マーク：生放送があるから、ロケで疲れてちゃいけないんだよ。

KEIKO：生放送は疲れ方が全然違うよね。

賎川：だからマークさんは最初に収録する（毎月）第2週放送分が一番元気で、**最後の生放送が流れる（毎月）第1週分が一番元気ないですよね（笑）。**

一同：（笑）。

KEIKO：私だったら、もう耐えられない。本当によく頑張ってるんだ。

マーク：うん、よく頑張ってる。

KEIKO：**本当、ありがとうと、ごめんしかない。**

一同：（笑）。

賎川：うまい！ ウケる！

KEIKO：だからこそ、私、こうやって、今、マークに懸命に恩返しができる！

マーク：でも、面白いですよ。この大分発信っていうのがいいな。僕はもちろん東京も好きなんだけれど、50歳を過ぎてからはどっちかっていうと、日本の地方っていうのが好きであちこち巡ってる。地方には地方の良さっていうのがあってさ。

賎川：ありがとうございます、うれしいです！

マーク：その中で大分と出会って、大分のすごい「globeっぽさ」に惹かれた。それはKEIKOがいるからglobeっぽいっていうのもあるんだけど。この地域、人間、地球の力、自然のもののおいしさとか、地球をすごく感じられる大分の良さを、どんどん出していけたらいいなって。だから、ラジオをやってても面白いし、コーナーを作ることも面白いし、別府大使をやることも面白いし、日出大使をやることも面白いし。一日警察署長もやったし、たぶん消防署長もやるだろうし、自衛隊員にもなるだろうし。

KEIKO：ね。いろんなことを。**マークがいろいろやると、私もやんなきゃって（笑）。**

賎川：それは私も思ってるんですよ。いつか外ロケとかも！

マーク：いや、KEIKOは一番でかいことをやるから。

KEIKO：え？ でかいこと？

マーク：**でかいこと。それは、だから大分県知事。**

KEIKO：県知事かい！（笑）

賎川：え、知事？ 知事になるんですか？

マーク：なる。

KEIKO：**絶対にならない（笑）。**

賎川：この話、本に載るんですか（笑）。

KEIKO：載らない、載らない、

載らない（笑）。

マーク：じゃあ、ボクが一日県知事をやる。

KEIKO：**こんなギラギラしてる人が県知事って（笑）。**

マーク：少なくとも一日県知事はやらせてもらうつもりだから。

KEIKO：いただきだねぇ。

賎川：だけどマークさんにこうして本当に大分に来てもらい続けて。実際にロケに行くと、そのエリアのことにものすごく詳しくなるんですよね。

マーク：なるね、すごく詳しくなる。

賎川：だからこそ、たぶん、肌感覚での大分県民の優しさ、大分県の良さを知ってもらったことで、別府や日出の観光大使につながった部分もあるんじゃないかって、私はずっと思ってました。

マーク：絶対そうだと思います。大分の良さをすごく感じたからラジオも続けてられるんじゃないですかね。

賎川：過酷だけど（笑）。KEIKOさんにも、「いつか1回ぐらいはロケを」と思ってるんですよね！

KEIKO：はいはい、ね。**でも、朝6時は無理（笑）。**

賎川：ではお昼ぐらいで（笑）。

マーク：ゴルフのコーナーもあったりとかするから。

KEIKO：それ行こう、行こう！

賎川：前に、番組のロケでゴルフもやりましたね。

マーク：あれは湯布院《ゆふいん》だったね。

賎川：そういえば、マークさんはOBSのテレビインタビューの中で、「大分に移住したいな」なんて話もしてましたが、その話もちょっと進みつつあるんですよね。

マーク：あるある！　いろんな場所を探してて。最近、臼杵にいい候補を見つけてね。

KEIKO：何を？

マーク：家をね。

KEIKO：うそ！

マーク：あら、ちょっとここいいな、みたいな。また相談してみよう、って。もう、めちゃめちゃKEIKOに近づいちゃってるんですけど。

KEIKO：**自分が石像になるの（笑）？**

マーク：そうそう石像に（笑）。もちろん別府にも住みたいんだけど、別府って家同士の距離が近いわけよ。そうすると、猫を放し飼いにしたら怒られそう。

KEIKO：**もう臼杵なんてあれだよ、猫とか、その辺にいるよ。**野良猫がいっぱいいるからね。

マーク：いるでしょう？　だから、そういうのも面白いかな、みたいな。この間、竹田市にもいい家を見つけちゃって。だから竹田市もいいなと思ったんだけど、あそこは冬は気温がマイナスになるから。その寒暖差も魅力だけどね。

KEIKO：大分に本気で住みたいのね。

賎川：なんか、**いよいよ大分県民感ありますよね。**

マーク：今は神奈川県民なんだけどね。

KEIKO：神奈川なんだー。

マーク：住民票はね。でも本当に大分県民になるのもいいかな、みたいな。

大分に来たら ここには絶対に行け！

賎川：ところでリスナーからも届くことが多いメールで**「大分に行ったとき、ここにぜひ行ってください」**がありますが、ぜひおふたりのおすすめの場所をこの本の読者に届けたくて。この場所に行ってほしいなっていう場所。大分県内で、いろいろ

check!

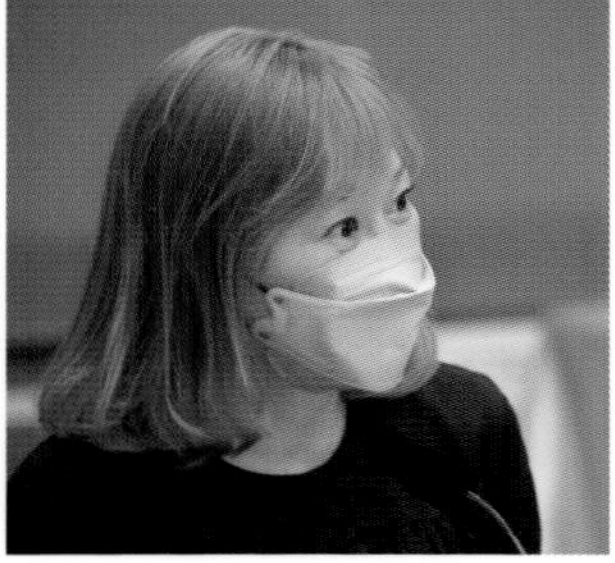

あると思いますが、マークさんだったら、たぶん多いのは、別府、日出あたりですかね？　KEIKOさんだったら、臼杵とか大分市周辺が多いかと思いますが、まずマークさん、いかがですか？

マーク：俺は大分に来たら、別府だけじゃなくていろんなとこに絶対行くのよ。このまえ日出に行ったときは城下かれいを食べたし、国東ではゴルフもしたし、隅々まで行くのよ。でもね、そんな忘れられてしまいそうな場所こそが大分県の魅力なのよ。でもね、実は大分市っていうのは観光する場所がないのよ。

KEIKO：たしかに大分市はないねぇ。

マーク：お城の跡はあるんだけれど、市内にそれ以外はないのよ。海沿いは工場しかないし。あそこで確か僕、ソフトボールの大会に参加しましたけれど。

賎川：**いろいろやってますね（笑）**。

マーク：やってますよ〜。

KEIKO：いつのまにか、臼杵の話があやふやになってる。**この対談も疲れてきたんでしょ（笑）**。

マーク：バレた？（笑）でもさ、臼杵だったら石仏に行くだろうし、佐伯だったら鍾乳洞に行くだろうしって、いろいろあると思うんですよ。杵築《きつき》だったら杵築城に行くだろうしとか。国東だったら八幡さまに行くだろうしとか。

賎川：本当に詳しい！

マーク：でも大分市で、僕はあそこの……県庁からまっすぐ行ったところにある美術館、なんだっけ？

賎川：大分県庁の近くですね。

マーク：どんな名前だっけ？　めちゃめちゃかっこいい美術館があるんだけどたぶん県外の人は知らない。全国の人に絶対に知ってほしいぐらい、すげえ、どでかいのよ。

KEIKO：**しずちゃん、スマホで調べてるよ（笑）**。

賎川：ああ、すいません！　……なんでしたっけ（汗）。

マーク：そこの入り口に行くと、どでかく4つのアルファベットがボーンってあってさ。そもそも音楽も芸術なんで、僕はその美術館でいつかKEIKOと2人でなんらかの音楽イベントをやりたい。**そして、その一日館長を……**。

一同：（笑）。

賎川：また館長をやるんですか（笑）。

マーク：ぜひ、やらせてください！

賎川：そういう、一日〇〇が多いですね。

マーク：そうすると、美術館は県庁に近いわけよ。だから次は県庁行くぞ！　みたいな（笑）。

KEIKO：どこにあるの？　その美術館。

マーク：県庁から県道をひたすらまっすぐ歩くのよ。

KEIKO：大分県庁から？

賎川：**OPAM（オーパム）ですね！**

マーク：そう！　OPAM、OPAM!!

賎川：大分県立美術館ですね。OPAM。O、P、A、M。

マーク：そうだ、OPAM！　OPAMには、大分に来たらぜひ行ってもらいたい。OPAMに行って、そこに展示されている芸術作品を見て、次に別府も行ってほしい。別府にも芸術がいっぱいあるのよ。例えば、芸術家たちが住むアパートがあったりとか。

賎川：ありますね〜。

マーク：なんか面白いのがいっぱいあるの。そうして、各地の芸術、音楽、食……いろいろ味わいながら大分県を楽しんでほしいなって思います。

KEIKO：。**マーク、また、うま**

くまとめたな～。
マーク：**今日すっげえ調子いい！（笑）**
一同：（笑）。
KEIKO：でも、この調子が（今日の対談のあとの）生放送では続くかわからないので。
賎川：今日の生放送は、この対談と4本目の収録のあとですからね！
KEIKO：今は私たちの本のためのトークだから、まだまだ頑張ってね。
マーク：大丈夫、めちゃめちゃ仕事できる！
賎川：では、もうちょっとだけ続けましょう。OPAMは確かに外から見ても、すんごい目立つし、おしゃれなんですよね。
マーク：でしょう？　中もすごく立派だし、期間限定の催し物もすごく充実しているの。絶対あそこには行ったほうがいい。
KEIKO：OPAMね。私も行くよ。
マーク：そしてぜひ入って。ちょっと一瞬でも。入場はタダだからさ。

「忘れられてしまいそうな場所こそが大分県の魅力なのよ」
（マーク・パンサー）

Smile!

賎川：企画展などはお金がかかりますけど、基本的には無料ですから。
マーク：すごく、いい場所。だからあそこに例えばDJブースを1個入れて、ちょっとした静かなアート音楽を楽しむ「globe day」みたいなアートイベントをやりたい。
KEIKO：いいね！
マーク：「globe day」だから、地球を表す芸術を並べるとか、世界中の芸術を入れてみようとか、そういうイベントをやる。一日でいいからやったらいいと思うんですよ。
KEIKO：（スマホでチェックしながら）OPAMは本当におしゃれだね。
賎川：KEIKOさん行ったことはありますか？
KEIKO：はい、ありますよ。
賎川：でしたら、出演者一同からのおすすめですね！
マーク：芸術を肌で感じると、次は大分市内のちょっとしたおしゃれなものが目に入ってくると思うんです。例えば大分市内にもいい感じのナチュールワイン屋さんとか、あったりするのよ。
賎川：よくご存じですね、あります。
マーク：みんな、気づかずに通り過ごしちゃいがちなんだけど、OPAMから始まれば、絶対そういう感度のいいお店が目につくから、パッと入っていくと思うんだよ。これぞ旅の楽しみ方ですよ。だから旅の一発目は、その土地の美術館に行くべきですよ。
賎川：まさかOPAMがこの鼎談に出るとは思わなかったですけど、KEIKOさんはどうでしょう？　大分に来たらここ行って、という場所は？
KEIKO：どこでしょう……**山田屋（笑）**。
マーク：いいね、偉い！
賎川：ご実家のふぐ料理屋ですね！　globeファンにとってまさに聖地です。
KEIKO：ね。あとほかにも挙げたいんだけど、私、大分には18年間しかいなかったでしょう？　そして、一番いろんなことに興味がある年代を過ごしたのが、大分じゃなくて大阪とか東京だったから。帰ってきて、今ようやく大分をゆっくり見てるところ。大分で「ああ安心するわ」と思える場所を探してるので。でも、湯布院は行ってほしいな。
マーク：ああ、じゃあ、一緒に行こうよ。
KEIKO：行こう行こう！
マーク：この間、2人で花見しに行ったところもよかったよね。
KEIKO：あそこも、いいね！
マーク：臼杵の城跡だ。
KEIKO：うん。臼杵城だったね。
マーク：あそこも、本当に素晴らしい。その日マークとKEIKOが座ったベンチに、ファンのみんなにも座ってもらったりして。
賎川：おー！
マーク：そういうことじゃん。例えばOPAMも一緒に行こうよ。
KEIKO：一緒に行こう。

「次は3人一緒に湯布院回りですね！」
（賎川アナ）

マーク：そして、2人でOPAMのベンチに座ってさ。そうすると、ファンのみんながそのベンチに座りに来てくれるのよ。そのベンチでぜひglobeの曲を1曲。「あなたの好きなglobeの曲が聴ける大分のベンチ」。いいでしょ。
賎川：いいですね。KEIKOさんはさっき、「湯布院は行ってほしい」って言っていただきましたけど。
KEIKO：そう、湯布院！
マーク：湯の町、湯布院ね。
賎川：以前に湯布院の人気スポットの湯《ゆ》の坪街道《つぼかいどう》でマークさんとロケをしたことがあります。次は3人一緒に湯布院回りですね！
マーク：いいねー。俺が湯布院ロケで感動したのは、池から煙が出る場所。
賎川：金鱗湖《きんりんこ》ですね。
マーク：あれはすごかったね。
KEIKO：金鱗湖はすごいよね。
マーク：今は海外の観光客のほうが多いんだけど、日本人にもぜひ来てほしい。もっと日本人に、湯布院のいいところを知ってほしい。湯布院昭和館にも行ってほしいのよ。
賎川：ああ、湯布院昭和館！　マークさんと湯の坪街道でロケをしたときに、実はKEIKOさんも車の中にいてもらって真横で見てましたよね。
KEIKO：そうだ、そうだった！
マーク：「一緒に行こう」っつったら

「嫌だ」とか言ってて。**「雨降ってるし」って**（笑）。

賎川：雨降ってましたね。あのとき寒かったんですよね〜。

KEIKO：そう。こんな感じだから、「行こう」って言っておいて、ロケの当日になったら、「嫌だ嫌だ」って言うかもしれないけど（笑）。

マーク：でも、**金なんとか湖は絶対見るべきですね。**

賎川：**金鱗湖です**（笑）。

KEIKO：そう、金鱗湖。ちゃんと覚えてね。

賎川：まとめると、KEIKOさんの今のおすすめは湯布院ですね。

KEIKO：やっぱり湯布院、いいな。

賎川：やっぱり泊まるなら旅館ですか？

KEIKO：そうですね。温泉付きの旅館がいいかな。

マーク：初めて大分来たときに、俺、奥さんと来てたんだけど、KEIKOが最初にすすめてくれた場所が湯布院の旅館だったのよ。

KEIKO：山荘 無量塔《むらた》ね。

賎川：あと亀の井と玉の湯が有名ですね。その3つが御三家っていわれています。

KEIKO：玉の湯もいいんだよね〜。

マーク：そう。この本を読んだ人はとにかく大分に来て！

「大分で「ああ安心するわ」と思える場所を探しているんです」

（KEIKO）

Smile!

番組そしてマークとKEIKOのこれから

賤川：こんな感じでいろいろお話ししてきましたけど、この番組は大分の魅力と、あとなんといってもglobeの魅力もたくさんお届けできてるかなと思います。お2人は今後、どんな話をしたいな、どんな情報を届けていきたいなっていうご希望はありますか？

KEIKO：さっき言った通りで、私もちょっと、温泉だったりとか、ロケに一緒に行ってみたいなと。

マーク：globeの曲の解説なんかは、番組で普通に語ってきたけど、さっき話したように、KEIKOと一緒に「このglobeの曲は大分のどこの場所と合うのか」って語るコーナーをやってみたい。例えば『Joy to the love』は、日出だったらここことか、佐伯だったらここことか、豊後高田だったらこことか。『across the street' cross the waters』は、どこなのか、臼杵かなとかさ。

KEIKO：『Is this love』はどこか、とかね。

マーク：全部、曲調違うわけじゃないですか。じゃあ、ちょっとトランスっぽい『garden』は、どこなのかって考えて、それはなぜか、っていうのを徹底的に語ったりして。

賤川：いいですね、ぜひやりましょう！

KEIKO：じゃあ、マークは**もっと大分に来なきゃいけないね。**

マーク：いや、どんどん来るよ。**だって、「住む」って言ってるんだから。**

KEIKO：そうだよ、住めばいいんだよね。

賤川：KEIKOさん的にはいかがですか？　この番組が始まってだいたい1年ぐらい経ちましたが。

KEIKO：私的にですか⁉　どうだろうな。今のままでも十分いいですけど、やっぱりロケに行ってみたいですよ。

マーク：きつすぎないロケは来てよ。きついロケは来なくてもいいから。この番組はさ、素晴らしい絶景を見るためにロープウェイに乗って一番上まで行ったのに、たまたま霧だらけで**「これ、どうする？スタジオでも一緒じゃん」とかいうロケもあったから（笑）。**

賤川：そうそう。前にあった！

マーク：これじゃ、**スタジオで来たふりしたほうがよかったよ、って。**

賤川：**それは禁句です（笑）。**あのときは別府市の鶴見岳《つるみだけ》ロープウェイに乗りましたね。あの日はたまたま霧でしたが、普段は別府市内と大分市内を一望できる絶景が広がっています。ぜひこちらも多くの方に足を運んでほしいです。

マーク：あと、キティちゃんランドにもロケに行ったんだけどさ。

KEIKO：**ハーモニーランドでしょ（笑）。**

賤川：日出町にある超人気テーマパークですね。

マーク：そこで俺の誕生日じゃないけど、誕生日だってことにされちゃってさ、ステージに上がらされて。

賤川：そうそう。それで、キティちゃんたちに祝ってもらったんですけど、**みんなが見るところだから、マークさんめちゃくちゃ恥ずかしそうにしてて。**

マーク：恥ずかしいなんてもんじゃないよ！

KEIKO：キティちゃんたちがいるステージに上がったんだよね（笑）。

マーク：あそこにはさ、家族連れも多いけど、熱烈なキティちゃんファンもいるわけよ。こういう、もう、でっかいカメラ持って。

賤川：一眼レフの！　ハーモニーランドは可愛い写真スポットやインスタ映《ば》えポイントも多いですもんね。

マーク：**そんな皆さんから「違う、あなたじゃない」みたいな空気を出されたから（笑）。**

KEIKO：それはそうだ（笑）。

マーク：だから、KEIKOとはそういう厳しいロケじゃなくて……例えば大分市内のご飯屋に行くとかさ。

賤川：それも楽しそうですね。ロケについては、お2人のご希望を教えていただければできる限り叶えていきたいと思うので！ 2024年はぜひ一緒にロケに行きましょう。

KEIKO：はーい！

賤川：それでは最後に。この本、全国で発売されます。

マーク：**発売すんの？**

KEIKO：**本当に発売するんだ。**

賤川：**当たり前ですよ！ じゃあ今日はここまで、なんの時間だったんだ**（笑）。ただの雑談で、こんな1時間以上ももらえないですよ。それでは締めの言葉としてお2人に、番組の魅力、大分の魅力、そして、視聴者、リスナー、読者の皆さんに、メッセージを一言ずついただければと思います。ではまずマークさんから。

マーク：僕らの『JOY TO THE OITA+』のOBS公式本が出ることがうれしいよね。かつてはファンクラブの会報こそあったけど、全国発売の本を出すっていうことはなかったんです。globeというと、最近はリミックスアルバムやベストアルバムが続いてたので、この本は新たな2人が見える、面白い内容だと思います。なので、ぜひこの本を買って、『JOY TO THE OITA+』も聴いてほしいなと思いますね。

賤川：では、KEIKOさんはいかがでしょうか？

KEIKO：KEIKOさん？ **同じです。**

賤川：**やめて、やめて**（笑）。**割愛しないでください。**お願いします！

KEIKO：だって同じようなこと言ってもしょうがないしな～。なんか、いつもメッセージって困るんですよ（笑）。

マーク：でも、うれしい？ うれしくない？

KEIKO：うれしいよ！ うれしいし、あとさっきマークが言ったみたいに、この番組のコーナーとしてglobeの曲と大分のこの場所が合うね、とかを話す企画はやっていきたいなって思いますね。だから、**ぜひ『JOY TO THE OITA+』を聴いてください。**

賤川：県外の方もradiko（ラジコ）で聴けるのでぜひ。でも、本当に楽しみですね。おかげさまで新しい可能性も見えました。ということで、ここまでマークさんとKEIKOさんにいろんなお話伺いました。毎月、第1月曜、生放送もやっていますので、『JOY TO THE OITA+』ぜひお聴きください。

マーク&KEIKO：お聴きください！

fin. —

OBS70開局周年を記念して開催されたOBS70th感謝祭「Fun+Peak!!」。globeのKEIKOとマーク・パンサーが緊急参戦！盛り上がりを見せた伝説の1日をレポート。

OBS 70th感謝祭「Fun+Peak!!」

イベントレポート

KEIKO、約15年ぶりにステージへ

2023年9月24日。OBS開局70周年記念イベント「Fun+Peak!!」の壇上にKEIKOが立った。約15年ぶりのステージだ。

場所はJR大分駅前広場。公開生放送2日目のスペシャルゲストとしてマーク・パンサーとKEIKOの2人が参加した。会場に集まったのは、この日を待ちわびた数千人以上の観客達。クレーンカメラまで備えた大掛かりなイベントで「ここまでの規模はイメージしてなかったですね。OBSの小さなスタジオがちょっと大きくなるくらいかなと想像してました（笑）」と驚くマーク。

観客の視線はやはり、久方ぶりに登場したKEIKOの姿に集中する。しかしKEIKO本人はそんな空気にひるむことなく、堂々としたもの。「緊張します〜」と語りながらも「15年以上ぶりですね。もっとかな？　お久しぶりです！」と、元気にあいさつした。

冒頭から、KEIKOの底抜けに明るい語り口は健在だった。賎川寛人アナウンサーがリスナーからの質問、「今の一番の楽しみはなんですか？」と問いかけると、「教えられませんね〜（笑）」とおどけて返し、会場を沸かせる。KEIKOと並んで立つマークも「こういうことが起きることを夢見

みなさん元気ですか？
久しぶりのステージで
緊張します！（KEIKO）

SHHHHHH...

Wooooow!!
WAAAAAAA!!

こんな日を夢見て
ラジオを続けて
きました。
夢が実現した！
（マーク）

て、ラジオを続けてきました。夢って実現するものですね」と興奮を隠せない。

さらに会場には軟式globeのパーク・マンサーとKOIKEもジョイン。本人らの前でオリジナルのラップと歌を披露するまさかの展開に。「すごいことが起きていますね。軟式globeと〝公式globe〟が同じステージに……！」とマーク。その言葉が、観客の笑いを誘った。

2人が選ぶ「favorite globe」

スタートから大きな盛り上がりを見せる会場で、最初のコーナー「favorite globe」が始まった。globeが届けてた数多の楽曲から、マークとKEIKOが好きな曲を「3曲だけ」選ぶ企画だ。「これはなかなか難しいよ」「けっこう大変でしたよ」と、2人は話す。

トップバッターは、マークだ。「今回は、王道ではなく『隠れた名曲』を3曲、選んでみました」というマークが1曲目に選んだのは『outernet』。6thアルバム『outernet』のタイトル曲だ。「このイントロが、すごくいいのよ。朝、目が覚めてウトウトしているなかでこの曲から始まると、だんだん『今日一日、行くぞ！』ってなってくる。でも、イントロの2分くらいの間だけは、もう少し、ウトウトさせて……って」。魅力を大いに語る。

Fun+Peak!!

Asahi
アサヒビール

YEAH!!
Boom!!

Peace!!
みなさん、はじめまして！
マークの娘のマディーです。
DJも勉強中です（マディー）

続いて紹介した2曲目は、ギターの音色が印象的な『another sad song』。TM NETWORKの木根尚登が作曲に参加した楽曲で「いつもと違うブルージーな感じがいい」と魅力を語る。KEIKOも「この曲は、歌っていて気持ちよかったです！」と言葉を添えた。

そして3曲目は『THE MAIN LORD』。シングルはglobe featuring MARC名義で、マーク1人が歌う曲。だが、アルバム『outernet』にはKEIKOも共演した『THE MAIN LORD』が収録されている。「このアルバムバージョンは神曲ですね。KEIKOがラップにのっかってくれる、数少ない曲。これが、いいのよ！」。KEIKOも「いつもと逆で、新鮮でしたね」と振り返った。

次は、KEIKOの番だ。1曲目に選んだのは『illusion』。4thアルバム『Relation』の収録曲だ。KEIKO自身が作詞した楽曲。「これね、詞がいいんですよ〜。書いたの、誰!?」と、ジョークを飛ばしつつ「好きなんです」と熱い思いを語った。この曲から本格的に作詞に挑戦するようになったというKEIKOは「初めて、詞をほめられましたね」と当時を思い出す。

そして2曲目。イントロが流れると同時に、会場から拍手と歓声が沸き上がる。KEIKOが選んだその曲は、『Feel Like dance』。1995年8

月発売、世の中にgｌobeの名を知らしめたデビュー曲だ。
「この曲は家族が大好きな歌なんです。とくに亡き父、晋太郎が一番好きだった。だから、絶対に思い出しちゃうんですよ」。そう、しみじみと語るKEIKO。マークも「僕にとってはもう、この曲といえば10万人コンサート。ステージ裏の階段でド緊張していた僕ら2人……もう一生、記憶から消えないですね」と続ける。
ラスト、3曲目に選んだのは『FACES PLACES』。「最後の『I'm still I'm still～♪』の、私はそれでもなお、探してるよ、という部分がすっごく好きです」と強調する。歌っていると、コントロールできないほどの感情が溢れてくる、とKEIKO。マークも「今でもDJイベントでこの曲をかけると、全員が大合唱するんです。みんなで一つになれる曲。大好きですね」と話した。

参加者たちが歌唱力を競った

その後は、芸人・パンクブーブーの2人も加わって、会場を巻き込み「イントロクイズ」を開催。続いて、一般参加者がglobeの曲のワンフレーズを歌い、歌唱力と表現力を競う「globeワンフレーズ選手権」へ。

課題曲となったのは「Can't Stop Fallin' in

Fun+Peak!!

Guffaw...
globeファンのみなさんも、本当にすばらしい！
（賎川）

Wow!!
ＯＢＳ70周年、おめでとうございます。本当におめでとうございます。ラジオも応援してください！（マーク）
SUNSE

Love」。なかでも一番の難所、「踊る君を見て恋がはじまって〜♪」から始まるワンフレーズ。30秒足らずの短い一節に、9人の参加者たちが挑んだ。KEIKOからは、裏声への切り替えがコツ、という歌唱のポイントが伝えられる。

参加者は、地元大分や近隣の福岡だけでなく、兵庫や東京、北海道などの遠方からも集結。真後ろでKEIKO本人とマークが見守るという緊張のシチュエーションだったが、2人は、歌が終わるたびに「上手〜！」「声がきれい！」「いいですね〜」と賛辞を贈って場を和ませた。憧れの2人を間近に、「大ファンで……会えてうれしいです」と声を詰まらせる挑戦者も。

それぞれが精一杯の歌唱を披露する中、優勝を勝ち取ったのはKEIKOの地元、大分の臼杵市から参加した女性。親子揃って参加し、その母親が勝利を掴んだ。

100％、globeのDJタイム

充実のステージタイムは、はやくも終盤。ラストは、マークによるDJプレイ「Fun＋Peak!! スペシャル」だ。1曲目の『DEPARTURES』が流れ出すと、会場からは自然と手拍子が。「今日は来てくれて本当にありがとうございます！短いですが、がっつり盛り上がっていきましょう！」。

YAAAAAAY!!

また頑張りますのでよろしくお願いします!(KEIKO)

POW!!

お願い!!
撮影禁止

マークの言葉でスタートした。

続いて聴こえてきたのは『Get Wild』。そしてステージにはマークの娘、マディーさんも参戦。曲が『FREEDOM』に変わると「DJは娘にまかせて、ラップ歌っちゃおうかなー!!」と、会場が待ちに待ったラップも披露された。さらに軟式globeも加わり、曲は『Love again』に。そして最後はやはり『Feel Like dance』。10数分という短い時間だったが、会場が一つになって沸き上がった、大盛況のDJタイムとなった。

来るべき、globe30周年に向けて

イベントの終わり、マークは「ぜひこれからも応援してください。そしてずっと頑張っていって、30周年は何かやりたいね!」と、globe30周年となる2025年への意気込みをにじませた。そしてKEIKOは「本当にご心配おかけしました。今は元気です。また頑張りますのでよろしくお願いします!」と胸の内を語った。

あっという間の2時間。記念すべきOBS70周年のイベントは、KEIKOとマークの強固な絆と、今も変わらずglobeを支えるファンの姿を再確認する一日となった。globeの灯火は消えない。それどころか、その明るさはさらに増していく。このことを確信できる一日となった。

Fun+Peak!!

RADIO

JOY TO THE OITA+

Contents

購入特典

特別収録
RADIO JOY TO THE OITA+ OFFICIAL BOOK
豪華おまけラジオ

CHECK IT OUT!!!
※2024年12月31日までの限定公開
※複製・公衆送信を固く禁じます

interview

マーク・パンサー

大分はすでに、ホーム。

2年間、番組スタッフと「同じ夢」を追いかけてきた

globeのマーク・パンサー。現在の『JOY TO THE OITA+』の前身である『JOY TO THE OITA』『GLOBISM』から、OBSアナウンサー・賎川寛人とともに大分を盛り上げてきた。そんなマークが、大分への想いや番組への愛を語る。

interview **マーク・パンサー**

「大分県って、〝健康県〟だと僕は思うんですよ」

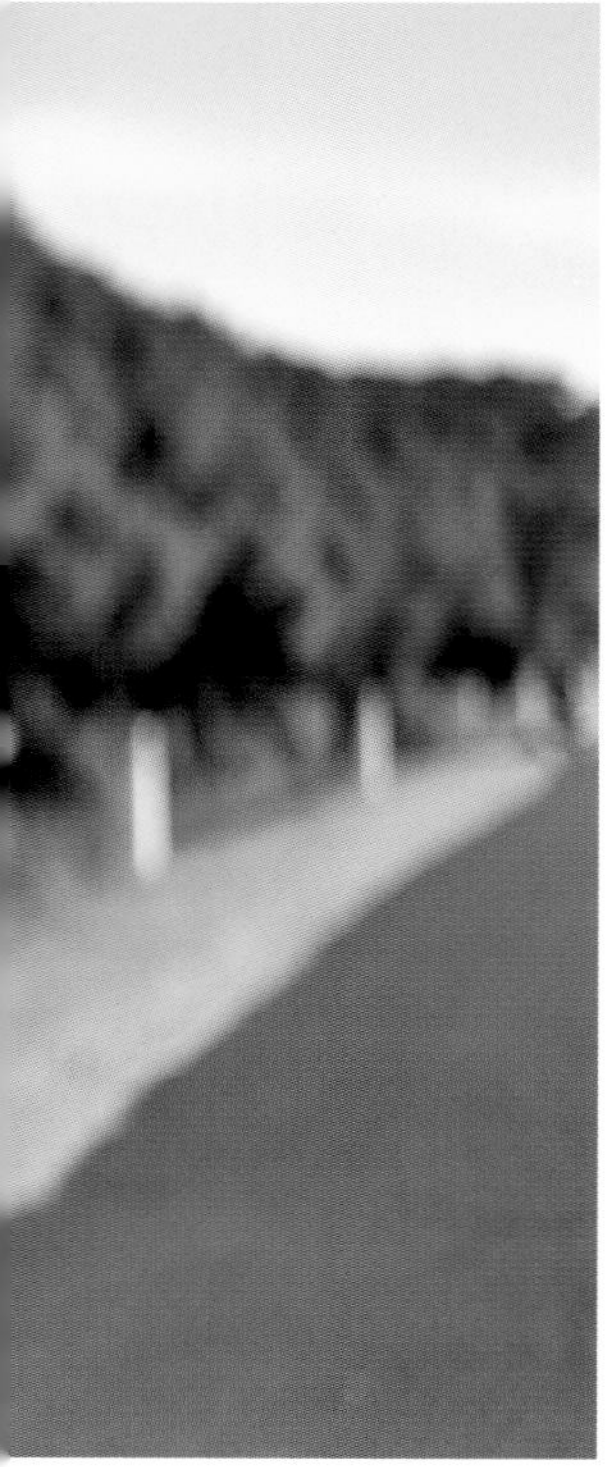

別府には湯けむりを出す、globeの力強さがある

――まずは温泉の「別府八湯（はっとう）温泉道表泉家」名人認定おめでとうございます。

マーク・パンサー（以下、マーク）：ありがとうございます。

――これは、なかなか簡単にはもらえませんよね？

マーク：いやいや、別府にある温泉のうち150湯くらいがこの温泉道に登録していて、そこから88湯《とう》を巡ると、名人に認定されます。湯気《ゆげ》と根気があれば大丈夫（笑）。各温泉にはスタンプが置いてあって、湯を楽しみながら押していきます。僕は、月1回しか大分に来ないから「何年ぐらいかかるのかな〜」と思ってましたけど、2023年4月にスタートして、後半は1日に9湯とか入ったりして、11月には88湯をすべて回りました。1湯15分ぐらいで、お湯をしっかり味わいながら入りましたね。

――別府の温泉は本当に最高ですよね。

マーク：でも、最初は恥ずかしかったですよ（笑）。銭湯みたいな、要は脱衣場もみんな見られちゃうし、外からも見えちゃうようなところもあったりで。でも、もう入れば入るほど恥ずかしさがなくなって。湯めぐりは本当に奥が深い！　最終的には、別府の温泉の楽しみ方をみんなに伝えられるようになったかなと思いますね。

――「お湯を味わう」とおっしゃいましたが、一湯一湯、温泉の入り心地が違いますか？

マーク：これは違います！　別府八湯の浜脇温泉、別府温泉、観海《かんかい》寺《じ》温泉、堀田温泉、明礬《みょうばん》温泉、鉄《かん》輪《なわ》温泉、柴石《しばせき》温泉、亀川温泉はその効能もその性質も全部違いますね。例えば明礬温泉一つとっても、お湯は何通りもあって、非常に個性があるんですよ。

――県外から来た方でも、挑戦できますか？

マーク：もちろん！　一冊110円の「スパポート」っていうスタンプ帳を買ってもらえれば挑戦できます。僕は今、2巡目に入りました。あと「九州八十八湯めぐり」っていう温泉道もある。このあいだ福岡で仕事があったんで、福岡の3湯に全部入ってきて。来週は長崎、佐賀で仕事があるんで、そこも全部入ろうかなと。そしたら99湯に到達するので、名人から「仙人」になるんです。それも取ろうかな（笑）。

――温泉にぞっこんですね！

マーク：はい。今、「温泉観光アドバイザー」っていう資格も取っていて。日本全国の温泉の性質や観光地も頭の中に入れながら、日本全国の温泉も巡っていこうかなと。この88湯の名人を目指す過程で、別府だけじゃなく、「温泉」というものにハマりましたね。**温泉は「globe（地球）」の力を使って温かくする物。そして別府には湯けむりを出すglobeの力強さがある。だから僕、別府に惚れたんですよ。**

――なるほど、地球（globe）の力ですね。

マーク：そうそう。僕が好きな日《ひ》出町《じまち》はとても素敵な町だけど湯けむりはないし、ここ大分市にも湯

大分はすでに、ホーム。

けむりはない。だけど、別府には湯けむりがある。地面の下のほうに地熱と温泉水が溜まっていて……そんな不思議なところに惚れた。僕らglobeも、まだまだ、このくらい力強くやっていかなきゃいけないんだなっていう気持ちになります。

――マークさんの美しいお肌も、温泉効果でしょうか?

マーク：もちろん。さっきは観海寺温泉に入ってきて、めちゃめちゃ調子いいです。あそこは美湯ですから、性質的に肌がツルツルになるお湯。乳液とか化粧品をつけて綺麗になるのももちろんいいですけど、でも本来は、温泉の力を借りたりしながらナチュラルに綺麗になるべきなんです。

――マークさんは健康そのものですね!

マーク：僕は健康だから、肌が綺麗なんです。健康だから痩せるんです。健康だから、病気しない。そうやって健康のことを気にしていくと、**別府がある大分県って、「健康県」だと僕は思うんですよ。**たとえば別府の「地獄蒸し」っていう料理は、温泉の湯けむりで野菜を蒸すことによって旨みと栄養をギュッと凝縮させる。これって、すごいことじゃないですか。ガスも使わない、電気も使わない。エコロジー的にも完璧で、地球に、globeに優しくて、そのうえ健康にいい。だからやっぱり大分は健康県、そう思うんですよね。

――入浴料、たったの100円で健康になれるわけですもんね。

マーク：しかも別府には無料の温泉もあるからね。温泉に入って、帰りには地獄蒸しを食べればいいじゃないですか。こういう、別府の、そして温泉の素晴らしさにハマりましたね。

もはや別府はホーム。「ただいま」と帰る場所

――マークさんは別府市の観光大使も務めて、その魅力発信に、力を尽くしている印象です。このところ手応えというか、別府の魅力が広がってきましたよね。

マーク：広がってきてると思います。今年がちょうど別府市の市制100周年なんですよ。

――詳しいですね!

マーク：100周年に向けて何かできないか、明日、別府市長とミーティングをするんですよ。僕はミュージシャンだから、音楽で何かができないか、とか。あと、僕は大学で講師もしてるんですけど、そこでAIやメタバース、AR、VRなども扱っていて。こうした「デジタル」と「自然」と「レトロ」っていうテーマをうまく組み合わせると、インバウンド客や若者がこの町に来るんじゃないかと思って、動き出しているんですけどね。こ

interview マーク・パンサー

「今の生き方は絶対に面白いなと思う」

れは、僕がやっていかなきゃいけない。「大使なんて名ばかりだ」って言う人もいるんだけれども、せっかく任命いただいたからには、やっぱりできるだけのことはしたいなって。まあそういう性格なんでしょうけどね。

――別府の物件を探すほどの勢いで、惚れ込んでいますね。

マーク：大分・別府って、世間的には「一番観光に行きたい県」ってイメージだと思うけど、**これが「一番住みたい市」になってくれたら面白い。**そのためにも別府にアートと食、音楽をうまく組み合わせたいんですよ。今は、アートがちょっと弱いから、その部分を加えて、さらに僕としてはもう1個「健康」っていう分野も入れることで、もっともっと人々が別府、さらには大分に惹かれるんじゃないかなと思っています。

――実際、マークさんは大分に惹かれて、最近ではもはや大分に「来ている」のか「帰ってきている」のか、わからないほどですね。

マーク：「来たよ」よりも「ただいま」のほうがしっくりくる（笑）。もう都会に住みたくなくなってしまったんですよ。僕が「都会」っていう場所を捨てたのは、いつだか忘れちゃったけど。昔は東京、ニューヨーク、パリっていうものに憧れて、そこに住むことが大切だったんですよね。それで田舎を捨て親も捨て……みたいな。僕もそうだったんです。

――若いときはみんなそうだと思います。

マーク：でも考えてみると、都会で得たものってほとんどなくて。

大分はすでに、ホーム。

不健康になったし、得たのはお金ぐらい。一生懸命働いて稼いだお金も使うのはシャンパンだったり、記憶にないところで使ってたり……それは面白くないなと。だから、鎌倉に住むようにしたんですね。次に選んだのは長野の山奥、北八ヶ岳というところです。そこに最初の拠点を作り、神奈川県の湘南にも拠点を作ったんです。そして、たまたまKEIKOが大分出身だったから大分によく来るようになって、別府に惚れ込んだ。こうして**「山は北八ヶ岳」「海は湘南」「湯は別府」**っていう3つの拠点を固めることができました。

——どこも魅力的ですよね！

マーク：そしたら調べれば調べるほど、面白いことがわかってきた。鎌倉時代から大分、豊後を守ってきた大友《おおとも》氏っていますよね。戦国時代の大名・大友宗麟《そうりん》が有名だと思いますけど、彼は大友氏の21代目。鎌倉幕府のときにその3代目に大友頼泰《よりやす》っていう人がいて、彼が源頼朝先輩から頼まれて、怪我をした兵士たちを全員別府に連れてきた。そして鉄輪や浜脇に療養所を作って、大分の温泉文化を広めていったわけです。だから、僕の住む鎌倉と別府って実はもう750年前ぐらいから強く繋がっているんです。その事実に気がついた瞬間、この2つをもう一度繋げてもいいんじゃないか、と思って。鉄輪の蒸し湯に行ってみると、大友さんと一緒に来た僧侶・一遍上人《いっぺんしょうにん》の像が飾ってあったり、別府の八幡浅見神社って実は鎌倉の鶴岡八幡宮と所縁《ゆかり》があるとわかったり。そういう歴史や文化に触れて面白いなと思っていると、どんどん別府に惚れ込んでいくんですよね。

——では、別府にはやっぱり「ただいま」って感じですね。

マーク：拠点が3つなので、どこも「ただいま」。街に住んでるよりも全然お金を使わないし、街に住んでるよりものすごく心が豊かになって、街に住んでるより健康的なんですよ。いっぱい動くし、いろんな人に出会うし。この今の生き方は絶対に面白いなと思いますね。

発売後、即完売。日本酒「仏歌鬼舞」の誕生秘話

——大分で『仏歌鬼舞《ふっかきまい》』というお酒まで造られましたね！

番組スポンサーさんの三和酒類株式会社さんと「最初はワインを造ろう」って話していて。大分の安心院《あじむ》でもワインを造ってますよね。でも、ワインは早くても3年かかるから、それはいつか違うときにやろうっていうことになって、三和さんが「実はこういう施設を作りました」って宇佐市に連れていってくれた。そこは「個人で日本酒が造れる施設なんだ」と。

——番組が繋いだ素敵なご縁。

マーク：そう。ただね、日本酒ってお酒の中でも一番難しい。温度や湿度がちょっと変化するだけで甘みや香りが変わる世界。これは本格的に勉強したいと思いました。同じような製作所を家に欲しいと思うぐらいハマっちゃって、ゼロから造るなら水から選ばせてくれ、と。調べていくと観光大使もやっている**日出町には名水が3つあってそのうちの1つが山田……KEIKOの本名なんですよ。**だから山田湧水がいいなって。

——ここまでくると偶然とは思えません。

マーク：でしょ。調べたら、ちょっと軟水すぎるんだけど、おかげで甘くなる可能性があると。そこ

から本を読んですっげえ勉強して、杜氏《とうじ》ともすごい友達になっていろいろ教えてもらって。我が子を作るような気持ちでゼロから最後まで、それこそラベル貼りまでやらせてもらいました。**そこでパッと出てきた言葉が、「臼杵のKEIKO」と「別府のマーク」。「石仏の臼杵」と「地獄の別府」。「仏が歌い」「鬼が舞う」**。ただ、発売とともにすべて売り切れちゃったから、来年はもうちょっとたくさん造って、お米も山田錦にしちゃおうかな。今年は「ヒノヒカリ」っていう大分の米で造ったんですけど。

——酒粕も活用されていると聞きました。

マーク：日本酒を造るときに出た酒粕で、今サブレとかも作ってるんですよ。そのサブレをKEIKOに食べてもらったら「美味しい」と言ってくれたので、これも「仏歌鬼舞サブレ」って名付けて。**実は酒粕って英語で「MARC（マーク）」っていうんですよ。フランス語では「マール」って発音するけど、僕の名前の綴りと同じでしょ**。だから僕って、いわば酒粕なんですよね。それで「マーク」っていう酒粕にしようと思って。あと僕の日本名は酒の井戸、「酒井」なんです。酒の粕の酒井屋さんみたいなショップを作ろうかな、とか。そんな新たなアイディアが湧いてきて、今それにハマってますね。

——お酒もまさにglobe、地球の産物ですね。その酒粕で作ったサブレも健康によさそうです。

マーク：いいと思います。数年前から「SDGs」という言葉が現れましたけど、流行とは関係なく、SDGs的なことをすべて自然にできるのが田舎なんです。これが街だったら余計なことがいっぱい出てきて、日本酒の値段も多分3倍ぐらいになってたんじゃないですかね。「俺の酒だぞ」みたいな（笑）。

ラジオが好き。スタッフと「同じ夢」を追いかけてきた

——OBSもマークさんにとってもう我が家のようなものですね。

マーク：そうですね。**まだ受付を通れるパスくれないんですけどね（笑）**。首から下げたいんだけど。

——そこは「顔パス」ということで（笑）。あらためてOBSはマークさんにとってどんな場所ですか？

マーク：毎月1回来る気持ちいい場所ですね。楽屋も用意してくれるんだけど、僕の席はいつもここ、1階のオープンなロビーです。いつもここに座って、ほよ〜んと待ってるのが好きなんですよ。

——マークさんはこれまでにさまざまな番組に出演されてきましたが、OBSのスタッフさんはいかがですか？

マーク：僕、ラジオがすげえ好きなんですよ。いやというほど聴くんです。ポッドキャストも聴くし、耳から入るものが好き。ラジオは真剣に聴くと記憶に深く残るんですよ。OBSはテレビ番組も作っているけど、僕をラジオのほうで起用してくれるから、それもすごくうれしくて。スタッフとも、めちゃめちゃ会うようになった。すんなり溶け込めて、なんか家族のように一緒にいられる。ずっと同じ夢を追いかけてきて、**ついにKEIKOが来るっていう夢を成し遂げた**。これってすごく面白いことだと思うんですよね。

——『GLOBISM』から『JOY TO THE OITA』、そして『JOY TO THE OITA＋』に至るまで、賎川さんとマークさんは、KEIKOさんが戻ってくる場所を大事に育ててきたわけですね。

マーク：そうです。**こうやって家族だと思って信用してたら、来年は僕も賎川さんもクビになってKEIKOだけの番組になったりしてね（笑）**。

——せっかく本が出るのに！

マーク：番組名も変わっちゃった

「OBSのスタッフとは、なんか家族のように一緒にいられる」

『JOY TO THE OITA+』もゆるくていいんじゃないのかな

りして（笑）。

――さすがにないと思いますが（笑）、KEIKOさんもすごく居心地が良さそうですよね。

マーク：なんか気持ち良さそうですし、楽しそうですよね。ちょっと、いろいろあったからね。リラックスしてもらうのが僕たちの役目なのかなと思いますね。そもそも、それがラジオというもので。KEIKOだけじゃなくて聴いてるリスナーさんにも、1日の中でいろんなことがあったりすると思うんですよ。そんな人たちが聴いて、ほんの40分かもしれませんが、ほっこりしてもらえるのが『JOY TO THE OITA+』の使命なんじゃないですか。たしかに聴取率は意識しなきゃいけないけど、「そこだけではない」っていうのがみんなの気持ちだろうな、と。そういう波長はスタッフ全員、合ってるんじゃないかな。リスナーの皆さんとも波長が合ってるような気がしますね。

――マークさんから見て賎川さんってどんな人物ですか？

マーク：小さくてちんちくりんで眼鏡で（笑）。でも、優しい外見からは想像がつかないと思うけど、すごく引っ張ってくれる。僕がどっちかっちゅうと、「何でもいいやん（大分弁）」なんですよ。僕は、人々が求めているものは「なんでもいいや」と思ってるから。

――といいますと？

マーク：「こうです」「ああです」と決まりきったカタい世界って、みんなもう聞き飽きてると思うんですよ。会社でも、家に帰っても「こうです」「ああです」だらけだし、ラジオでも、テレビでもそうした形式的でコンプライアンスに縛られる世界になりがち。だから僕は、どっかに「遊び」がなきゃいけないと思っていて、『JOY TO THE OITA+』もゆるくていいんじゃないのかなという考え方なんです。だけど、ときには形式的に整えないといけないところもあって、そこをちゃんと軌道修正してくれるのが、やっぱプロのアナウンサーであるしずちゃんなんですよ。**彼は、アナウンサーより政治家になったほうがいいんじゃないのかなと思うんだよね（笑）。**そのぐらい、見えないリーダーシップを持っていて。その力が多分、みんなをほっこりさせてくれるんじゃないですかね。

――いずれは大分市長になっていただいて、大分の観光大使のマークさんとタッグを組んで。

マーク：**じゃあ、俺は別府市長をやりますよ（笑）。**

――本当に実現しそうですね（笑）。

マーク：そういうしずちゃんだからこそ、KEIKOもすごくやりやすいんじゃないですか。

――たしかに2023年1月の初回放送から、KEIKOさんは自然に溶け込んでいましたよね。それはマークさんの存在はもちろん、賎川さんの持つ空気感もあって。

マーク：本当に自然なんですよ。そこがすごいところ。他のアナウンサーさんの番組だと、どうしても、かしこまるわけです。すると、KEIKOは緊張するし、僕も「ちゃんとしなきゃ」ってなる。それがないのは、しずちゃんだからこそ。だから僕は、すごくぴったり合ってるような気がします。

――ラジオそのものが本来のナチュラルな姿なんですね。

マーク：しずちゃんが、うまく引き出してるんじゃないですか。多分、裏ではすごく大変な思いもしてるんだとは思いますけど……人間だからね。**夜一緒にいて、ゴリゴ**

大分はすでに、ホーム。

リに酔っ払っちゃうところを見ると「あ、つらいこともあるんだな」みたいな（笑）。でも、いざ番組が始まると「僕にはつらいことなんて一切ないんだ」と言わんばかりの明るさ、笑顔！　それが素晴らしいなと。

――ただ、あの笑顔の裏でマークさんの過酷なロケを組んでるのも賎川さんです（笑）。

マーク：でも、それも楽しくて、すべてが勉強になるようなことばかりなんですよ。いつも言うんですけど、**こんなすごいロケ、ラジオでする必要は全くなくて（笑）。やってるふりでいいんです、ラジオなんだし。**YouTubeの動画さえ撮ってないんだから。「ふりでいいやん」みたいに思うこともあるんだけど、それを彼は真剣にやってるんですよね。

KEIKOの言葉が導いた新展開

――おかげさまで本書のカバーもカッコ良く仕上がりましたが、撮影で着ていたマークさんの洋服ブランド「BN20F（ベネバン）」についても教えてください。

マーク：鎌倉で「旅をするブランド」ってコンセプトでスタートしました。実はこれが初のアパレル参入。僕、モデルって小さい頃（2歳）からやってたみたいなんだけど、アパレルが爆発したのって、僕がだいたい15歳の頃から20歳ぐらいまでなんですよ。DCブランドの世界ですね。でも、今はどっちかというとファストファッションとかアウトドアブランドが主流だと思うんです。それなのに僕は、自分のブランドで1年目に時代に合わないことをやろうとしちゃったんですよ。かっこつけすぎちゃったんですよ。

――そこからどうやって軌道修正したんですか？

マーク：**KEIKOがよく僕に言うんです。「かっこつけすぎてるときのマークは駄目だ」って。「逆に“6割ぐらい”の、ちょっと疲れてたり二日酔いだったりするときが一番いいんだよね」**と。なので、1回ブレーキをかけて、実店舗じゃなくオンラインにシフトチェンジしました。そして「旅」と「デジタル」をうまく掛け合わせたブランドを2024年からスタートさせるつもりです。今は「BN20F」ってブランド名ですけど、次は「縫製」っていう意味のフランス語を付けた「BN20クチュール」。

僕がデザインした服を「さらにあなたがいろいろ動かせますよ」「あなたが新たに『旅』を続けてみたらいかがでしょうか」というコンセプトにシフトチェンジします。ロゴもちょっと変わって、もっと僕らしいものができる。

――まさにKEIKOさんがおっしゃるような？

マーク：そうそう、最初は100%を求めちゃって、ちょっと我を忘れてました（笑）。今までのもか

interview マーク・パンサー

っこいいんだけど、素材から何からこだわりすぎちゃってた。その、かっこつけすぎな感じが今の時代にも合ってないし、遊びがない。というか、「遊ばなきゃ」って、無理に遊んでるところが、ちょっともったいなくて。もちろん、最初に作ったデザインは取っておきます。今着てるシャツもそう。次の「BN20クチュール」では例えば、このシャツの胸元のワッペンを自分の好きな大きさに変えて注文できたりする。そうやってデジタルを駆使した、新たなブランドへと変わっていきます。

——最後にメッセージを！

マーク：まずglobeファンの皆さんには絶対に読んでほしい。1冊は読むため、もう1冊は永久保存版として2冊買ってください（笑）。なんなら、さらにもう1冊買って、3人のサインを集めてください！

——マークさんのところに本を持ってきたらサインするよ、と？

マーク：もちろん！ 実際、2022年に発売したglobeのメモリアルベストBOX『1000Days』がそう。目の前に持ってきてくれたら、サインしますよ。で、次は『JOY TO THE OITA＋』のファンの皆さん。この人たちは本を読んで、**僕とKEIKOとしずちゃんの、のほほんとした雰囲気に癒やされてもらいつつ、こうやってラジオ番組ができるんだと知ってもらえたら。**あとは、写真集とかオシャレな本を集めている人も、ぜひ買ってください。テーブルの上にポンとさりげなく置いといて、周りから「何これ？」って聞かれるように、話のネタになるように仕掛けてもらえたらうれしいです（笑）。

JOY TO THE KEIKO

interview

KEIKO

レギュラー出演開始から1年が経過し、
今や番組に欠かせない存在となったKEIKO。
そんな彼女が初めて語る
マーク、家族、OBS、そしてファンへの想い――。
「JOY」なKEIKOをみんなが待っていた！

聞き手 **賎川寛人** アナウンサー

ラジオを通じてファンの気持ちが伝わってくる

KEIKO：（マーク・パンサーと賤川アナのソロページのデザインを見ながら）今日の私のインタビューはこれのKEIKO版ってことかな？ タイトルは「JOY TO THE KEIKO」なんだよね。

——番組のようにリラックスしてお願いします。あらためて『JOY TO THE OITA+』、1周年おめでとうございます！

KEIKO：イエーイ！ もう1周年なんですね。本当に早かった。私、この番組に参加して1周年ってことでしょ？ ね、しずちゃん的には私が番組に入ってどう？

——KEIKOさんが出演者に入るって、マークさんがずっと目標にしていたことですし、僕やスタッフにとってもすごく貴重な時間になっています。

KEIKO：そんなふうに言ってくれてありがとうございます。おかげさまで毎週一歩ずつ前に進ませてもらっています。そういえば、最初にゲストとして番組に出たでしょ？ それで私が元気ってことを皆さんにわかっていただけてさらに元気になって、調子に乗って毎週しゃべってますけど（笑）。今はそんな感じで充実しています。

——リスナーとグローバーの皆さんにも、KEIKOさんの元気さが伝わっていると思います。

KEIKO：そうなんですよね、番組を通じて、直接皆さんと会話もできるのですごくうれしいです。あと、ファンやリスナーさんの気持ちもすごく感じられますしね。「私、元気でしょ！」って言いたかったし、その感想も伝わってくる。なかなかそういう場もないし、元気でしょ？ って自分から言う機会もないんだけど、ラジオがそういう場になってすごいよかった。

——こちらこそです。それでは本題に入りますが、KEIKOさんはこの番組への出演はJOYできていますか？

KEIKO：JOY？ エンジョイ？ できてる、できてます、めっちゃできてますよ！ 収録前日は「明日はラジオだ！」って感じだし、生放送も楽しいもん。マークにも会えてゆっくり話せるしね。ボイトレも今やってるんですけど、ボイトレに行く前と同じ感じですね、「あ、楽しみ」って。いろんな意味で、今までとはちょっと違う動きっていうか、本当に毎日をJOYできています。

——充実の日々ですが、2023年はKEIKOさんにとってどういう年でしたか？

KEIKO：このラジオもそうですし、何か新しいことを始められる一年ではありましたよね。それまでも始めようと思えば始められたんでしょうけど、「どっから入っていっていいのかな？」っていう迷いがありました。でもマークがこの番組で私のことを待っていてくれた。まずはこの番組に出演して、そこからまたいろいろ……っていう想いがありましたね。

——「やったろう！」みたいな前向きな感じで？

KEIKO：すごく前向きです。後ろ向きなことは何もなかった。

——KEIKOさんにとっても大きな変化になった、と。

KEIKO：すごく大きな変化ですよ！ ラジオがそのきっかけにもなりましたし、私も前向きになれた。『JOY TO THE OITA+』がなかったら、私がどういうふうに過ごしているかたぶん伝わらなかったと思う。いくら私が「元気ですよ」ってXにポストしても、「本当に？」って思われただろうし。でも、ラジオのおかげで「本当に元気でしょ？」って証明できた気持ちはありますよ。OBSさんのイベント出演も楽しかった。声だけだと「本当に本人？」とか言われちゃいますからね。

——僕も周りの方から、「あれって本当にKEIKOさんなの？」「本当に元気なの?」ってよく聞かれましたもんね。

KEIKO：ね、言われるでしょ? だから「もうラジオで聴いてる通りですよ」って言いたかった（笑）。ステージまで上がらせてもらったし、本当に元気ですよ!

私が歌う日を本当にみんなは待ってくれてるのかな?

――Xといえば投稿数も多くなりましたよね。

KEIKO：増えましたよね。さっきもちょうどつぶやきましたけど。

――「今日はボイストレーニングに行き その後 FACES PLACESを歌いましたぁ～♬ 高っっ!!笑」というつぶやきですね。表示回数があっという間に21万でリポストも600以上!

KEIKO：多いですよね、ありがたいです。

――KEIKOさんの中で、「あ、こういうのはグッとくる」みたいなコメントはどんな内容ですか?

KEIKO：やっぱり歌のことですかねぇ。「歌ってほしい」「私はあなたの歌を聴いて励まされました!」とかそういう声が多くて、励みになります。まあ、「ほんまか?」って思うときとかあるんですけど。

――なんでですか（笑）。

KEIKO：みんなが「KEIKOって本当に元気?」って思うように、私も「ほんまか?」って思うときもあるわっていう（笑）。けんか腰じゃないんですよ、「本当に私が歌う日を待ってくれているのかな?」って。

――リスナーの皆さんからの「globeの曲を聴いて励まされました」「KEIKOさんの声が生きる原動力になっている」というメッセージ、たくさん見てきました。あらためておふたりのパワーっていうのはとんでもないなって実感しました。

KEIKO：うれしいな。でもまだまだ頑張らないと! もう毎日自分のお尻を叩く感じですよね。「さあ、頑張れ、頑張れ」って。そういうメッセージを聞くとさらに想いが強くなります。やっぱりファンの期待に応えたいんですよね。マークも同じ気持ちだと思います。

――やっぱりファンの方の想いっていうのは原動力になるんですね。

KEIKO：なります、なります、すごくなりますよ。だから、よく私、ネットニュースのコメントも読みます。

――マークさんは「見なくていいよ」と言ってますよね（笑）。

KEIKO：読まない人、多いじゃないですか。あ、こういう意見の人がいるんだ……って傷つくからかな。それかマークみたいにネットを見ない人（笑）。私はどっちかというと、真剣に読むタイプですね。Xもけっこう追ってますね。

――ご自身もXでライブを見に行ったことを報告されてましたよね。

KEIKO：行きましたね、姪っ子の影響でTWICEのライブに! 韓国のPOPミュージックは最初のK-POPブームの頃から刺激を受けてました。お尻を振るダンスとかすごくかわいかったよね。しずちゃん、知ってる?

――わかりますよ〜。でもKEIKOさんがそんなに刺激を受けていたとは知りませんでした。

KEIKO：受けましたよ、刺激を。もちろん日本のグループからもたくさん受けてます。

――最近の曲は声のトーンもダンスも難易度がものすごく高い印象を受けるんですが、KEIKOさん自身も90年やゼロ年代（2000年以降の流行文化）とは違うイメージをお持ちですか？

KEIKO：ぜんぜん違いますね。特に最近の曲にはもうついていけない（笑）。でも、globeも90年代ではちょっと早かったと思いますよ。

――今、globeの曲を聴いてもまったく古いっていう感じはしないですもんね。

KEIKO：しずちゃんからみて、まったくないですか？

――ないです。だって僕、家いるときはずっとglobeを聴いてるんですよ。

KEIKO：えー、嫌だ（笑）。

――そこは喜んでほしいです！（笑）

ヨガ、ピラティス、ボイトレ毎日めっちゃJOYしてます！

――先日、Xに全身写真もポストされましたけど、90年代の頃とスタイルが変わっていないですよね！

KEIKO：頑張っております（笑）。

――リポストを見ると、ファンの方々も同じこと感じてるんだなってうれしいです。

KEIKO：ね、私もうれしい。でもあれはたまたまそう見えるように撮れたから。

――そんなことはないですよ〜。

KEIKO：あとはいっぱい撮った中から、「ちょっと痩せててかわいく見えるな」っていうカットを選んでね。でも写真はいじってないですよ（笑）。

――いつも目の前で見ているので細いことはわかっています（笑）。KEIKOさんって、太らないように何かされてるんですか。

KEIKO：ダイエットですか？してますよ。夜はあまりたくさん食べないようにとか、ちゃんと考えながらやってますよ。

――あとはお米をあんまり食べないとか？

KEIKO：そうですね。お米は好きですけど、玄米を多めだったりとか。食物繊維も意識して食べます。でも最近はけっこう食べてますね。目標体重にいったので（笑）。だからこそリバウンドが怖い。また戻っちゃったらどうしようって。でもね、目標体重からさらに5キロ減ったんですよ。目標体重はかつての体重だったんだけど、そこからさらに5キロ！

――それってすごいですよね。勝因は何ですか？

KEIKO：それは言えませんよ。

――なんでですか（笑）。ちゃんと教えてくださいよ！

KEIKO：運動はちゃんとしてますよ。あとヨガも行ってるし、ピラティスとかも行ってますし。現状に満足せずちゃんと通ってキープしなきゃいけないです。

――十分にスタイル抜群だと思いますけどね。あと、最近いろんなお仕事がちょっとずつ増えてきたと思うんですけど、多忙な中でもJOYな毎日を送れていますか？

KEIKO：もう毎日、めっちゃJOYしてますよ！　今日はボイトレに行って歌うことを楽しんで。この本のソロインタビューも楽しいし、ラジオの収録ではマークとの会話も楽しんで。あと、姪っ子と一緒に出掛けてボーリングを楽しんだりとか（笑）。姪っ子はカラオケもけっこう好きなんですよ！　ひょっとしたら歌が好きなのかもしれない。なんて思ってこの間、「（私の）お姉ちゃんたちとみんなで一緒にカラオケに行く？」って聞いたら「行かない」って……もう全然、好きちゃうやんって（笑）。もちろんそのときの気分もあるんでしょうけど、今は成長期だから、メイクやファッションにも興味があったり。女の子はみんなそうだもんね。

――じゃあ、一緒にメイクをしたりするんですか。

KEIKO：いや、「いらなくなったのちょうだいね」って（笑）。知らない間にいろいろと成長してるんですよね。

――それでも可愛くて仕方ないのは伝わってきます。あと、KEIKOさんの趣味もお聞きしたいんですが、変わらずゴルフなんですかね？

KEIKO：ゴルフですね。ゴルフはやっぱり楽しいです。

――実はオンエアで一回も触れていないんですが、KEIKOさんのベストスコアっていくつなんですか？

KEIKO：えー、ベストスコア、いくつや？ この間どれぐらいだったかな。100は超えて……。

ヨッピーさん（この日の取材に同席）：たしか8かな。108！

KEIKO：いや、118じゃなかったっけ？

ヨッピーさん：いやいや、118はこの前の数字よ。ベストスコアは110を切ってるよ。

KEIKO：そっか、108か。かなりオーケーが多かったけどね（笑）。

――では108で確定ということでよろしいですね？

KEIKO：そう、108。煩悩《ぼんのう》のときと同じ。このスコアを出した時にも言ってたよね、私。しずちゃんはゴルフはどうなの？

――2024年の目標は「ちゃんとゴルフをする」なんですよ。

KEIKO：「ちゃんとゴルフする」。かわいい（笑）。

――（耳を赤くしながら）KEIKOさんのお姉さんもどんどんレベルアップしてるじゃないですか。

KEIKO：お姉ちゃんはすごいですよ。

ヨッピーさん：すげえ飛ばすよね。

KEIKO：飛ぶよな、あの人。

――それを聞くとさらに焦ります。そもそも、僕の初ラウンドってKEIKOさんと一緒だったじゃないですか。

KEIKO：そういえば一緒だったね（笑）。

――あの時は本当にあり得ないぐらいに足を引っ張って本当に申し訳なかったです。

KEIKO：いえいえ、そんなことないです。だって、私はベストスコアこそ108だけど、やっぱり今でも120でいいほうやもん。

――でも、この間のゴルフコンペで思ったんですよ。「KEIKOさん、絶対めっちゃ練習してる。間違いなく上手くなってる」って。

KEIKO：はい。ちゃんと打ちっぱなしの練習に行きますね。週1回ぐらいのペースかな。

――そういえば1年ぐらい前、KEIKOさんとお姉さんとヨッピーさんと僕でゴルフ場を回っていたとき、途中で雪が降ってきたことを覚えていますか？

KEIKO：雪降った！ あったね。「ミュージックビデオみたい」ってみんなで話したのを覚えてる。

――あの時から僕だけゴルフのスコアという時間が止まってます。

KEIKO：しずちゃん、置いてくで（笑）。ゴルフはね、なんか目標にしたほうがいいです。でも、しずちゃんとのゴルフは楽しかったからまた一緒にやりましょうね。

マークと一緒にいると いつでもリラックスできる

――一緒に、といえば、最近はマークさんと行動することが多いじゃないですか。以前も一緒に行動することって多かったんですか？

KEIKO：ありました。globeがデビューしたとき、マークと私2人の取材・インタビュー・撮影が多かったし、ほとんどマー

「マークと私はきょうだいなんです。それぐらい楽しい」

クと一緒でしたね。

——3人単位で動くんじゃなくて、2人単位で動くことが多かったんですね。

KEIKO：多かった！ 雑誌の撮影とインタビューはほとんど2人でしたね。だから、マークと一緒にいる環境が出来上がってましたね。

——マークさんって、昔から今と同じような性格なんですか？

KEIKO：まったく一緒ですね。ぜんぜん変わらないけど、健康オタクっぷりがすごくなったぐらいかな。昔から健康志向ではあったんですけど、今のほうがすごい。肌とかツルツルだもんね。やっぱり彼のそういうこだわりの部分って、幼少期の頃からずっとモデルである自分の中の「かっこいいときの自分を崩さない」っていうプロ意識の強い表れだと思うな〜。私もマークを見習わなきゃって思いますもん。

——今も昔もその空気感って、2人だけのものですよね。

KEIKO：そうですね。そうかな？……どっちだろう。でもね、マークも私も裏がないです。だから、しずちゃんが感じ取ってくれている空気感そのものだと思います。マークは自然体だけど、少しかっこつけはかっこつけですけど、全然カッコつけないマークが私はすごい好きで。この話をすると、「昔からそうだったよね、KEIKOは」ってマークは言います。今なんて「あんたもう50過ぎたんやで。だからこそカッコつけなくていいじゃん」みたいな（笑）。

——マークさんは何をしてもカッコいいですよね。

KEIKO：この本のマークのソロインタビューページはすごくいい。マークの表情、気が抜けた感じですごくいいなって。いい写真が撮れてます。だから、こういう気の抜けた感じも作れる彼はすごい。ただ、気を抜くともっとすごいことになります。私のスマホに入ってる彼は「ウソでしょ！」っていうぐらい自然体なの。私ね、本当、この人ときょうだいなんですよね。それぐらいマークといると楽しくてリラックスできるってつくづく思いますね。

——写真といえば、僕もソロインタビュー用の写真を撮ってもらったんですが難しかったですねぇ。

KEIKO：特にひとりだと難しいでしょ、恥ずかしいでしょ。私もそうでしたよ。

——こういう静止画、普段は撮られることなんてないから。特にカメラから目線を外すのって恥ずかしいんですね。

KEIKO：え、本当？ 私、カメラを見るほうが恥ずかしい。

——僕、カメラ目線は慣れてるんですけど、なんか変な方向を向いてスカす感じができなくて。

KEIKO：私は見るほうが恥ずかしいから、いつも「目線をそらしてください」って言われるとうれしかった。

——あと、一緒にカバー用の写真を撮ったときにすごいなと思って。超慣れてるし、いちシャッターごとにポーズも表情も変えていましたよね。そんなKEIKOさんでも最初の頃は慣れない時期もあったんですか？

KEIKO：ありました。まさに最初の頃ですよ。デビューはいきなりの『Feel Like dance』で「ボーカルは誰？」って注目もされて、

「『DEPARTURES』からジャケット写真が解禁になるぞ」みたいになって。「いやいや、そう言われるとすげープレッシャーだし！」みたいな。

——たしか最初は顔出しがなかったですもんね。

KEIKO：そうなんですよ。だから、アー写（アーティスト写真）っていうのを撮るんですけど、なんと最初があの篠山紀信さんでした。

——うわ～、あの巨匠の！ 先日、他界されましたが、篠山紀信さんとの撮影はどうでしたか？

KEIKO：すごくお上手です。記憶にないぐらいガッチガチに緊張してたんですけど、リラックスできるように撮ってくださいましたね。気分を乗せるのもお上手なんですけど、「いいよ、いいよ！」とかじゃない。「なんかいつのまにか撮ってる」みたいな感じでしたね。被写体の褒め方もお上手で、こっちも「なんとなく乗ってくる」というか。篠山紀信さんがド素人の私を「え？ こんなかわいく撮ってくれるんだ」っていう感激が今も鮮烈に残っています。

——僕はこの本のスリーショット見たときに、「うわ、すごいきれいに撮れてる」って感動してしまって。

KEIKO：ね、プロが撮ると「意外とかっこいいじゃん！」って思うでしょ？

——なんか、いい笑顔してんなと思って（笑）。

KEIKO：そうそう、そういう感じですよ。「私、意外とかわいいじゃん、大丈夫、大丈夫」みたいな（笑）。

山田屋のステージの上で小さい頃は歌っていた

——ところで、マークさんとKEIKOさんがラジオで共演するようになったきっかけって、やっぱり臼杵の山田屋さんでご飯を一緒

に食べたことかなって。

KEIKO：はいはい、そうだ、そうだ。

——そのツーショット写真をSNSに上げたことがサプライズ出演につながったので、僕の中で山田屋さんってものすごい神聖な場所なんですよ。

KEIKO：お恥ずかしい（笑）。でも母が喜びますよ。あのときはわざわざマークが食べに来てくれて。たしかヨッピーがマークを連れてきてくれてたのがきっかけだったよね。

ヨッピーさん：そうそう、ただのきっかけだけど、そこからつながっていって。

——番組にKEIKOさんをつないでくれたのはマークさんとヨッピーさんなんですけど、そのポイントとなったのは山田屋さんですよね。KEIKOさんのサプライズ出演のあと、僕と番組のプロデューサーで「ありがとうございました」って、ご挨拶に伺ったのも山田屋さんですもん。

オオトモP（この日の取材に同席）：ただ、山田屋さんにはいらっしゃらないでしょうから、女将さん……つまりKEIKOさんのお母さまに「お礼の手紙をKEIKOさんにお渡しください」とお願いしたら、「今KEIKOいるんで呼びますね」って言われて、「えーっ！」てなって。

KEIKO：そうだったんですね（笑）。

オオトモP：そこにちょうどKEIKOさんが、ヨガかなんかから帰ってきたんです。

——そうそう（笑）。ヨガ終わりでウインドブレーカーみたいなのを着ている状態で。

KEIKO：「あら、こんな格好でごめんなさい」みたいな（笑）。

オオトモP：スポーティーな格好でKEIKOさんが「こんにちは」って入ってきて、もうビックリしました。

KEIKO：恥ずかしい。それは失礼しました。

オオトモP：いえいえ、感動しました。

——そんなこともあって、山田屋さんってリスナーさん、ファンの皆さん、スタッフにとっても、思い入れが深い場所なんだなって思うんですよね。

KEIKO：母が「あら、そんなことしゃべってくれたの？」って本当に喜んじゃいますよ。

——KEIKOさんから見て山田屋さんのオススメポイントはどこでしょうか？

KEIKO：オススメポイントですか！ 山田屋の？ 自分の実家の？ 私の部屋よ（笑）。おすすめは……中庭もそうですけど、やっぱ料理！ 私はふぐの白子が大好きですね。おかげさまでうちの白子は評判がいいんですって。

——あのトロトロな感じは最高です。ビールとか日本酒にも合いますよね。

KEIKO：あとはヒレ酒ね。うちのヒレ酒も美味しいですよ。なんだか宣伝みたいでいやらしいですよね（笑）。

——そんなことはないですよ（笑）。だけど、山田屋さんの臼杵本店って、私も以前に女将さんに案内していた際にいろいろと歴史があると聞きました。

KEIKO：あるみたいですね……あれ、何年だろう。たしかもう100年以上続いてますからね。それはうちのおじいちゃんからなのか、ひいじいちゃんからなのか（笑）。

——大広間もあって、大人数で宴会ができますよね。

KEIKO：大広間あります、あります、はい。あの大広間はめちゃくちゃ広い。たぶん30畳から50畳ぐらいかな。

——あと、すごく印象に残っているのが、大広間と大広間をつなぐ細いおしゃれな道。仕出し専用の場所みたいなことを聞いて、「すごっ」と思いました。

KEIKO:「すごっ」と思いました? ちなみに片方は私がちっちゃい頃に歌ってたステージがあるお部屋ですね。屏風も置いてあるんですけど、大広間で屏風の前で歌ってました。当時は大きなカラオケ用の再生機があって、レコードを差し込んだり、ボタンの数字を7桁ぐらい押して曲を選んだりみたいな仕組みになっていて、曲を流しながら歌ってましたよ(笑)。

オオトモP:子どもの頃はどんな曲を歌ってたんですか?

KEIKO:演歌が多かったです。カラオケが演歌しかなかったんですよ。そして、カセットテープになってからアイドルの曲が歌えるようになってきて……私、意外と年いってますから(笑)。あと中庭も私のおすすめですよ。ちっちゃい頃は中庭に出て遊んでました。当時の様子を父が撮ってくれた8ミリも残ってますね。

――僕たちはお客さんですけど、KEIKOさんにとってはご実家なんだ、ってあらためて思いました。

globeの30周年に向けて頑張りたい!

――この本のこともお聞きしたいんですが、全国版と大分版をご覧になってどう思われました?

KEIKO:ちょっと久々感がありますね〜。

――全国版がマークさんとKEIKOさんの2ショット、大分版が僕も含めたスリーショット。全国版は僕が撮影日に休んだ人みたいですよね。

KEIKO:休んだじゃない(笑)。

ヨッピーさん:そういえば休んでたわ(爆笑)。

――いや、誰よりも先にスタジオに入りましたよ!(笑)

KEIKO:かわいいけどね、こういう写真の載せ方。でも撮影自体が久しぶりでしたね。ツーショットもスリーショットも久しぶり……(全国版を指さしながら)私はこっちのほうが好きなんですけど(笑)。なんてね、本当はしずちゃんがかわいいからですよ。

――丸囲みですけれども(笑)。

KEIKO:本当にいい表情してるじゃないですか。すごく楽しそうだし。

――楽しいといえば、読者さんにJOYな毎日を送るためのアドバイスをお願いします!

KEIKO:アドバイスですか? 私が聞きたいぐらいだな(笑)。でもなんだか私って笑って楽しく過ごすことが好きなんですよ。見ての通りで、あまり考え込まないんですよね。とにかく面白おかしくゲラゲラと。周りからは「ふざけてるのか」ってよく聞かれるぐらい。まあ、半分ふざけてますけど(笑)。あと「JOY」っていうとね、「ENJOY」にも「JOY」が入っているし、『JOY TO THE OITA+』もそう。「自分が楽しんでれば楽しいことが舞い込んできますよ」って思いますね。だからあんまりクヨクヨしなくていいんですよ。

――そのほうがメンタルにいいですよね。

KEIKO:ただ、思いがけない出来事には弱いです。だから意外と慎重だし、怖がりなんだと思いますよ。思いがけないことがくると「あっ……」っていう感じ(笑)。で、今日はせっかくのインタビューだから、思いがけないことを思い出して、「たとえば〜」って言いたいけど……ないな、と(笑)。

――KEIKOさんらしいです(笑)。僕も毎日を楽しく過ごしたいから、嫌な思い出とか事象は全部忘れるんですよ。

KEIKO:ね。だから私もたくさん思いがけないことがありましたけど、お母さんが「よかったわ、明るくて」って言ってくれてたぐらい。何よりもファンの方の応援メッセージのほうが元気が出るし、すごく楽しくてうれしくて。

――ファンの皆さんがKEIKOさんの「JOYの源(みなもと)」なんですね。そして『JOY TO

THE OITA＋』についてお聞きしたいんですが、OBSの雰囲気はどうです？

KEIKO：いや、ほかにはないですよ、この雰囲気。毎月ここに来てるからホームっていう気持ちはあるし、OBSさんはあったかいですよ、マークがあったためてただけあって（笑）。スタッフの方々のあったかい対応も……しずちゃんは「しずちゃんもあたたかいです」って言ってほしいんでしょ（笑）。

――いやいや。思ってない、思ってない！（笑）恥ずかしくて、僕のことですかとか聞けないです。

KEIKO：でも、しずちゃんもあったかいです。ありがとうございます。おかげさまで生放送のときも収録のときも過ごしやすいです。

――ラジオでは出演者の皆さんには極限までリラックスしてほしくて。テレビはちょっとカチッてなるじゃないですか。

KEIKO：カチッとした感ないで、しずちゃんは（笑）。うそうそ、ちゃんとやってますよ、大丈夫です。リラックスもできてます。私はちょっとふざけてますけどね（笑）。

――それがうれしいです。

KEIKO：よかった、今日がラジオの収録じゃなくて（笑）。

――そして1995年結成にされたglobeは……

KEIKO：そうなんですよ、来年が30周年！　2025年&30周年に向けて、ちょっといろいろと頑張りたい。体形とかね（笑）。もっときれいになりたいし、もっと歌も頑張りたいし、体もまだまだトレーニングしたいですね。ファンの皆さんには、何もできなかった期間が本当に申し訳ないし、だからこそ期待に応えたい気持ちが大きいです。

――根本にあるのは「ファンの皆さんをできる限り喜ばせたい」という想いなんですね。でも、どうしようもないところがあるじゃないですか。たとえば、みんな、風邪をひきたくてひいてるわけでないですし。

KEIKO：そうなんですよね……病気はね、特にそうですよね。（休んでいる間に）時間が経ってしまったけど、ファンの人たちにお子さまがいらっしゃったりするようになった。その子たちからも「聴いてます」とか言われると、すごくうれしいですよね。だからこそ、2024年はいろんな想いや期待に応えたいという気持ちが強くあります。

――2024年も2025年も30周年も楽しみです！

KEIKO：全部ね、楽しみですよ。今日の取材もJOYできました！　ありがとうございました。

interview

賤川寛人

いくつもの「偶然」に導かれてこの番組は始まった

**自ら書いた初めての番組企画書から
すべての刻《とき》が動き出した**

ＯＢＳアナウンサーの賤川寛人。愛称は、しずちゃん。大分県で生まれ育った地元っ子が、電波を通して大分の魅力を伝えている。ｇｌｏｂｅのＫＥＩＫＯとマーク・パンサーが持つパワーをいま一番近くで、リアルタイムで体感している賤川が紡ぐ２人への気持ちと番組への愛情。

『JOY TO THE OITA+』始動から1年が過ぎて

——KEIKOさんが番組に参加されて『JOY TO THE OITA+』になり、1年が過ぎました。振り返って、いかがでしょうか。

賎川寛人（以下、賎川）：マークさんとKEIKOさんが並んだときのパワーって、尋常じゃない。それを、私がたぶん一番近くで、リアルタイムで体感してきました。実はglobe全盛期の当時は小学校低学年だったので、そこまでピンときてなかったんです。親から「臼杵に歌姫KEIKOさんがいる」「globeは一時代を築いた」と聞いてはいましたけど、昔の映像だけでは当時のスゴさを認識できておらず。でも、2023年からの1年ちょっとを振り返ると「やっぱり2人のパワーってとんでもない」と感じますね。ニュースでの扱われ方もケタ違いです。

——確かにそうですね。マークさんと2人の頃の番組名は『JOY TO THE OITA』でしたが、この名前はどんな経緯で決まったんでしょう？

賎川：まず番組の大本に「大分の魅力を発見する」というコンセプトがあって。その名前を『Joy to the love』の曲名をもじって『JOY TO THE OITA』にしようと決めたのは、マークさんです。私でもなければ、番組スタッフでもないんですよ。マークさんにタイトルの相談でLINEをしたときに、ご本人から、「しずちゃん、これでいこうよ」と返ってきて。だからマークさんは、この番組名に対しても、コンセプトに対しても、間違いなく強い思い入れがあるはずです。私が番組を進める中で考えているのは、マークさんとKEIKOさん、2人の会話を大切にすることです。リスナーの皆さんにとっては、やっぱり2人の絡みがもっとも気になる部分だと思うから。リスナーの方々はOBSの第1スタジオ前まで、生放送を目掛けて足を運んでくださるんです。大分県内だけでなく県外からも「ひと目だけでも見たい」と、そのオンエア（40分）のためだけに来られる。これって、とてつもないことですよね。

——そんな一流アーティストのマークさんを、この番組では驚くほどたくさんロケに連れ出します(笑)。

賎川：酷使。めちゃくちゃ酷使。大酷使してます（笑）。

——すごいですよね（笑）。竹田で豆腐作りのロケをしたり、別府で温泉ロケをしたり。賎川さんの企画や熱意もきっかけの一つとなったのか、マークさんも今やツーリズム別府大使に！

賎川：そうなんですよね。あるとき、某イベントをきっかけに、別府市長とマークさんが話す場を設けることになって。僕は以前、市長とお話したことがあったので、その場に立ち会ったんです。その日、お2人が会話をする中で、市長が「マークさん、ツーリズム別府大使になってください」と。そしたらマークさんも「あ、やりたいです」と即決でした。

ただ、当時はコロナ禍だったので、大分に来るタイミングがなかなかなくて就任式典を開くのが難しかった。そこで「番組と絡めて、オンラインで式典をしましょう」という話になりました。これによって、OBSにとっては大分でのロケがやりやすくなるし、マークさんにとってもKEIKOさんの地元である大分で、ある意味、拠点のような場ができるのかなと思ったんですよ。

——これはもう運命ですね。別府にゆかりができたマークさんと大分出身の賎川さんの2人に、臼杵出身のKEIKOさんが加わった。文字通り、「プラス」で、大分の魅力を伝えられる番組になったわけですね。

いくつもの「偶然」に導かれてこの番組は始まった

「やっぱり2人のパワーってとんでもない」

朝3時起床で始まる、ハードすぎるロケ

賎川：KEIKOさんは臼杵出身の方なので、ある程度、大分のことを知っているんです。だけど、globe結成前に大阪のホテルで働いていたときから、その後globeとしてずっと忙しく活躍されていた時代って、当然ながらほとんど大分には帰ってこれなかったと思うんです。だから大分各地へロケに行き始めたマークさんのほうが、KEIKOさんよりも大分に詳しかったりする（笑）。それが僕としては、面白いなと思っていて。

――確かに！

賎川：なんで住んでない人のほうが詳しいんだ、と（笑）。ここ数年は、KEIKOさんも大分で各地に行かれてるかもしれませんが、それでもまだ、なんとなくしか知らない場所が結構あると思うんですよね。

――この番組を通して、KEIKOさんも大分を再発見、新発見していく。それはKEIKOさんにとっても、すごくポジティブな番組ですよね。

賎川：そうです。あと、マークさんって本当にフランクな方なんですよ。誰に対しても分け隔てなく会話しますし、その人の肩書きとかじゃなくて、どんなコミュニケーションをとるかをよく見ていて。ですから、大分県人との交流をたぶん楽しみに思ってくださっているはず。あんなに酷使して申し訳ないですけど（笑）。本人もすごくポジティブに付き合ってくださいました。

――ロケのスケジュールを初めて拝見したときは、笑ってしまいました（笑）。

賎川：本当に酷使して……だって朝3時起きとかですよ。3時起きで早朝からロケがスタートして、夕方まで引っ張って各地でロケ、ロケ、ロケ。そして夕方からスタジオで3〜4本の番組収録をして、最後に生放送が終わったらもう20時10分って（笑）。

――そこからの帰宅、就寝時間を考えると24時間といっても過言ではない（笑）。

賎川：「よく、あんなスケジュールが組めるね」ってたびたび言われます。「賎川はglobeに詳しくないからこそ、これほどハードな企画を立てられる」って。たぶん僕、あんまり遠慮がないんですよ。番組スタッフが「これ、いけますか……？」って心配しても、「あ、大丈夫！ ご本人が大丈夫っておっしゃるから！」みたいな（笑）。

これは、もちろん根底に「いい

「僕、アナデューサーなんで！」

ものを作りたい」っていう気持ちがあるからです。そして、「ロケ先がマークさんにとって楽しいところであれ」という条件は絶対です。出演者さんのテンションが上がるポイントだけは絶対に外さないように、いつも心がけています。たとえば、マークさんは温泉が好きだから、ラジオだけど別府で温泉に入ったりとか。あと、大分の著名なところだけじゃなく、著名じゃなくても、マークさんが好きそうな、珍しい体験ができるところに行ったりとか。

――マークさんが喜ぶ場所を選んできた結果、いまやマークさんは別府のお祭りにも自発的に参加するようになったそうですね。すっかり「半分大分の人」みたいな感じになってきました。

賤川：マークさんが出演する「おんせん県おおいた」っていう県の観光動画があって。それが日本で唯一の国際的な広告映像部門「BRANDED SHORTS 2023」で観光映像大賞ファイナリスト5作品のひとつにノミネートされたんです。そのとき、僕がOBSのニュース番組でマークさんにインタビューして。マークさんの口から「いつか大分に移住したい」って言葉が出たんですよ。大先輩をあんなに酷使しちゃってるけど、それでもマークさんはロケを有意義に感じてくれてたのかなと思えて、僕はうれしかったです、本当に。

自ら書いた、初めての番組企画書

賤川：最初に番組の企画書を出したときの名前、めちゃくちゃダサいんですよ……『マーク・パンサーのDJタイム』ですから（笑）。いろんな人から「ダサい」って言われて変えさせられました。当時2019年で、僕は入社6年目のアナウンサーでした。アナウンサーとしてのお仕事がようやくちょっとわかり始めたぐらいで、まだラジオの企画書は書いたことがなかったんです。でもマークさんは大分が好きで、KEIKOさんも大分にいる。だからglobeの番組を作れたらなって。それで企画書を出してみたんです。

――そもそも全盛期のglobeに触れたわけではない賤川さんが、なぜマークさんの番組の企画書を出したのか、気になります。

賤川：これは単純な話で、マークさんにお願いされたからです。マークさんとは大分市の都町（みやこまち）にある『CLUB FREEDOM』のイベントに参加されているときに2〜3回ご挨拶したことがあったんですよ。けど、最初は「大分放送でアナウンサーやっています」ぐらいの形式的な挨拶をした程度でした。

でも、そこからちょくちょくお会いするようになり、マークさんから「番組やりたいな」って話があって。僕自身も面白そうだなと思ったし、こんな素敵な方と番組をできたらすごくスキルが上がるだろうと考えて、企画書を出しました。

――マークさんのフランクさと、賤川さんの熱意。この2つが合わさって……『マーク・パンサーのDJタイム』になったわけですね（笑）。

賤川：ものすごくダサい（笑）。最初にマークさんとスタジオで顔合わせをしたとき、このタイトルを見せたら、マークさんが「うーん……」って渋い顔をしたの、めっちゃ覚えています（笑）。で、結局タイトルはマークさんがglobeの一員だから『GLOBISM』でやろうよ、って言われて、「あ、カッコいいですね」と。

ただ、それだけだと伝わらないかもしれないので、『マーク・パンサーのGLOBISM』でいいですか？」って聞いたら、「せっかくしずちゃんもいるんだから、しずちゃんの名前があったほうがいいじゃん！」って。となると、どう考えても「マーク・パンサーとしずちゃんのGLOBISM」ですよね。だけどマークさんが「しずちゃんが、先に名前を出しなよ」って。「え、いいんですか」と恐縮しつつ、『しずちゃんとマーク・パンサーのGLOBISM』（以下、『GLOBISM』）が始まりました。

――マークさん、カッコいいですね！

賤川：番組を始める直前にはメディア向けのプレスリリースも出しました。これも自分で書いたんですよ。僕が人生で初めて書いたプレスリリース。そこに『GLOBISM』という名前には、マークさんを中心としたglobeの輪、また、globeを支えてくれる多くの人の輪、globeのともしびを消さないという意味が込められています」と、番組コンセプトを記しました。

――ディレクターさんは決まっていたんですか？

賤川：僕です！

――え？

賤川：僕、アナデューサーなんで！

――いいですね、アナデューサー。もうすべて自分でやるっていう意気込みだったんですね。

賤川：アナがディレクターもやる。構成も全部僕が作りますって始めたんですよ。でも、マークさんが出演されるので、「ミキサーだけはお願いします！」って。ミキサーがいないと格好つかないですからね。

さらに生放送を2022年の6月から行うようになり、スタジオのディレクターも増員しました。そういう意味ではやっぱり局の理解と協力も忘れちゃいけないですよね。

アナウンサー人生のすべてを凝縮した5分間

――『GLOBISM』の2年後に紆余曲折を経て『JOY TO THE OITA』が始まりました。ここで「大分県の魅力を発見」という現在のコンセプトが具体的になったわけですね。

賎川：『JOY TO THE OITA』の放送が決まったとき、マークさんから「『JOY JOY JOY TO THE OITA～♪』っていうジングル作りましょう」ってアイデアをいただいたときは、最高にうれしかったです。

――そして2022年7月には例の運命の日がやってきました。

賎川：7月4日の生放送の日ですね。

――そこでKEIKOさんがサプライズ出演されました（70ページ参照）。

賎川：その前日、7月3日に僕とマークさんが大分県の南、佐伯市でムエタイのイベントに出演したんです。いつもイベントが終わったあとは、一緒に打ち上げ的な感じでご飯食べたりするんですけど、その日はマークさんが「今からKEIKOに会いに行ってくるわ」って。そしたら夜、突然ツーショットの写真がX（当時Twitter）に上がったんです。これが瞬く間に話題になって。

　このときの僕が考えたことは、「次回の放送で『KEIKOさんと会ってどうでしたか?』って話がたくさんできそうだな」とか「きっとKEIKOさんのことが気になっているグローバーの方々もうれしいだろうな」とか、その程度でした。そしたら翌日の生放送で、本当に僕たちがまったく知らない状況でKEIKOさんから電話がかかってきて!

――そのときの現場の様子は、「これは、やらせじゃないだろう」とわかるほどの、慌て具合でした。

賎川：本当に仕込みじゃないんですよ。急に電話がかかってきて。もう本当に、本当にこんなにビックリすることあるのか、というぐらい驚きました。マークさんも、もう感極まっちゃって。だって『GLOBISM』の頃から「いつかKEIKOさんに番組に出てもらいたい」っておっしゃっていたんですよ。その「いつか」のタイミングが、今日この瞬間に奇跡的に起きた! と。

　でも僕としてはアナウンサーとして、ちゃんと番組を成立させなきゃいけない。それに、KEIKOさんとの掛け合いを盛り上げなきゃいけない。あとは瞬間的に「これはネットニュースになるな!」って思った。なので、ここからの5分間で僕が今まで頑張ってきたアナウンサーとしての能力の成果を発揮しなければ! と。

　とにかく、めちゃくちゃ集中しました。人生で一番濃密な5分間でしたね。これまでもニュース速報や中継などである程度の場数は踏んできましたけど、こんな瞬間的に「今から勝負の5分です、どうぞ!」っていう経験は初めてでした。

――かっこいいです!

賎川：僕は、KEIKOさんご自身の口から「マークとつながってるよ」という言葉を語ってほしいなと思ったんです。globeって今までにさまざまなことが起こってきたグループだから、その「メンバーが今もつながっている感」って、ファンの方々にとって重要だろうと。あとは、この大チャンスを無駄にしないように「KEIKOさん、また出演するのを期待してもいいですか?」というニュアンスのことを伝えました。

――完璧な5分間ですね。

賎川：よかったです。これはマークさんの影響なんですよ。マーク

「いつか」のタイミングが、今日この瞬間に奇跡的に起きた！」

さんって『GLOBISM』のときも、僕ら2人だけで『JOY TO THE OITA』をしてたときも、KEIKOさんの話題はめちゃくちゃ優しく語ってきたんです。おそらくマークさんのほうからKEIKOさんへハッパを掛けたりしたことはなかったはず。それは、KEIKOさんのリズムでKEIKOさんの無理のない範囲で、ちょっとずつまた踏み出していってほしいという想いがあったんだろうと。

だから僕からも、KEIKOさんに「出てくださいよ」とは言わず「僕たちは首を長くしてお待ちしますんで、出たいなと思ったときにいつでも来てくださいね」という気持ちを伝えました。このペースを作ってくれたのは全部マークさんです。

――そこからわずか半年でKEIKOさんのレギュラー出演が決まるとは！

賎川：2023年1月からレギュラー出演が始まりましたけど、その前、2022年11月にKEIKOさんがスタジオに生出演してくださったんですよ（74ページ参照）。これもYouTubeで話題になりました。たぶんOBS公式チャンネルで今、400万回以上再生されているはずです（2023年12月時点）。

この生出演の日に、僕がいちアナウンサーとして考えたのは、「できる限りスタジオの雰囲気を柔らかに」。そして、「僕たちの不可侵領域であるスタジオの中の空気感だけは、誰にも邪魔されないように」ということ。マークさんとKEIKOさんは久しぶりの表舞台だから気負ってくるはずなので、この2つだけは僕が守ろうと強く思ってました。

――KEIKOさんとマークさんが和やかな雰囲気の中、プレッシャーも背負わず楽しめるように。

賎川：そうなんです。これには背景があって。スタジオ生出演の1カ月ほど前、私とKEIKOさん、

KEIKOさんのお姉さん、番組関係者と食事する機会を設けてもらったんですよ。そのときにKEIKOさんから「また頑張りたいんよ」という言葉をいただいて。ご本人がこう語ってくれたからには、僕もさらにマークさんと力を合わせて、KEIKOさんの助力にならなければと。11月のスタジオの中では絶対にリラックスしてもらいたい。できる限りプレッシャーやストレスがない状態で出演してほしい。そのときから強く思ってきました。

——その日のYouTubeを見ると、本当にスタジオの雰囲気が和やかでした。動画についたコメントも前向きな言葉が並んでいて。まさに賎川さんが思い描いていた空気を作れたんですね。

賎川：マークさんがすでにOBSになじんだ状態からスタートしたことが、ものすごく大きくて。OBSスタッフをよくわかっているんですよ。ということは、KEIKOさんとOBSを橋渡しする人が、僕とマークさんの2人いる。そう考えると、やっぱり話しやすいですよね。KEIKOさんは、今までいろんなことがあった中で、しばらく止まっていた時計の針が今、ゆっくり動き始めたのだと思います。そこで僕たちがいかにアシストできるか。それが一番重要視されるところだと思うので、いやらしくない範囲でできる限りサポートしていきたいなと。たぶんこれは、この『JOY TO THE OITA+』に関わるみんなが思っているはずです。いつかまた立つ表舞台に向けて、できる限りサポートしたい。言い方を変えると、うまく「踏み台」にしてほしいと思って。

——現場に来ると、皆さんが信頼し合っているのが伝わってきます。当時を知る世代からしたら「あのglobeがこんなにフランクに話してる！」と驚くほどに！

賎川：そうですよね。僕はその時代を知らないからこそ、変に気を使いすぎずにいられるんだと思います。たぶん40代、50代の方は、「ははーっ（土下座）」ってなっちゃうと思うから、30代前半の僕はあえて何もわかってないままでいこうと。マークさんとKEIKOさんが、そう接する僕を許してくれるってありがたいですよね、本当に。

——賎川さんから見て、KEIKOさんはどんな方ですか？

賎川：ものすごく明るいですね。本当に明るい。そして、パワーがある。マークさんとは違う力強さを持っています。あと、それだけじゃなくKEIKOさんという方は、実はいろんなことに気を使っておられるんだなと強く思う部分もあって。「自分が元気であれば、ファンの方々も周りの方々もきっと力強くあれるはず」と、そう思ってくださってるのでは。実際に、KEIKOさんの太陽みたいな明るさがあってこそ、うまくいくことがいろいろあるんだろうなと思います。

——あの明るさは天性の才能なんでしょうね。

賎川：そう思いますね。収録以外で会話をしているときも、めっちゃ明るい方だな！　って思いますもん。本当に太陽みたいなエネルギーの塊です！

OBSアナウンサーになったことも、運命の1つ

——賎川さんは大分県出身ですよね。そもそもアナウンサーを目指したきっかけは？

賎川：僕、高校1年生ぐらいのときから、同級生に「アナウンサーを目指す！」と公言していました。きっかけは2つあって。1つは、もう超思春期っぽいんですけど、好きな女の子に振り向いてもらうために目立ちたい。ならば目立つためにはアナウンサーになればいいんじゃ？　と（笑）。

——ベタですけど大事ですね（笑）。

賎川：ベタなんです（笑）。そのと

いくつもの「偶然」に導かれてこの番組は始まった

き僕、応援団に入っていて、声を出す場面が多かったんですよ。あと、学校の活動で演劇をやる機会もあって。そんなときに、いろんな人から、「銭川の声はすごくよく響くし、いい声だ」と言われて。それで、「もしかしたらアナウンサーの適性があるのかも」「しかも、好きな子に振り向いてもらえるかも!」と(笑)。

――甘酸っぱい思い出ですね!

銭川:あともう1つ、僕は実況がものすごく好きで。プロレスの実況をする古舘伊知郎さんに憧れるようになったのが2つ目のきっかけです。当然、古舘さんの著書も持っていて、『言葉は凝縮するほど、強くなる 短く話せる人になる! 凝縮ワード』(小社刊)も、発売されてすぐに買いました。『古舘伊知郎のオールナイトニッポンGOLD』が放送されていた頃は、月1回の生放送に毎回メールを送っていたんですよ。あるとき「OBS大分放送アナウンサー銭川寛人」と名前を書いて送ったら、めっちゃ取り上げてもらえて、すごくうれしかったですね。

――古舘さんの実況への憧れと、女の子に振り向いてもらいたいという気持ちが、アナウンサーへの道を切り拓いたんですね。

銭川:そうですね。最初は「モテるんかな」みたいな(笑)。

――大学時代は、夢をかなえるために何か活動されていたんですか?

銭川:「早稲田大学アナウンス研究会」というサークルに所属していました。そこは人気アナウンサーの系譜が脈々と受け継がれていて。例えば、NHKでずっと『あさイチ』に出演されていた近江友里恵さんも、僕の2つ上の先輩です。そこで、アナウンスメントを鍛えたり、アナウンサーになるための技術、テクニックなどを先輩方に教えてもらったりしました。

――その経験を経て、いわゆるアナウンサーの試験を受けて。

銭川:そうです。最初は東京を中心に就活をしていたので、いろんな局のアナウンサーになった人たちとも仲良くなって、さまざまに交流が生まれました。

――そんな中で銭川さんがOBSに入社したのは、ひとつの導きだなと感じます。銭川さんがいなければ『JOY TO THE OITA+』が生まれなかった。最初は銭川さんが2019年に書いた企画書から始まったわけですから。

銭川:すべて偶然の重なりですね。番組が全国的に注目されるようになったことは、本当にありがたいです。最初はスタッフ3人ぐらいで収録していたのに、今では10人以上の体制で。スポンサーの方々もたくさん見学にいらっしゃって。

――ちなみに今日は『JOY TO THE OITA+』の話をしていただきましたけど、今ほかに銭川さんが担当されている番組についても少し教えていただけますか?

銭川:OBSテレビの夕方に放送される『イブニングプラス』のニュースキャスターをやっています。あと同じくテレビで『おはようナイスキャッチ』という情報番組を

interview 賤川寛人

「この番組にはたくさんの愛が詰まっています」

担当したり、火曜日と水曜日は午後1時から4時15分まで『情熱ライブ！Ｖｏｉｃｅ』というラジオのワイド番組を担当したり。おかげさまでいろいろやってます。

——脂が乗ってる状態ですね。ちなみに『JOY TO THE OITA＋』は大分に引っ越さないと聴けない番組ですか？

賤川：「ラジコプレミアム エリアフリー」に登録していただければ、県外の方も聴くことができます。登録は有料になってしまうのですが。この本をきっかけに、『JOY TO THE OITA＋』を知った方にぜひ聴いていただきたいです。けっこうｇｌｏｂｅの裏話や、かなり突っ込んだ話もしています。番組の中でマークさんとKEIKOさんに関わるトピックスは、できる限りご自身の口から話してもらいたいなと思っているので、グローバーの皆さんに楽しんでもらえるはずです。

——ありがとうございます。では最後にあらためて、番組の魅力と賤川さんご自身の意気込みを聞かせてください。

賤川：この番組は、もともとマーク・パンサーさんの番組です。マークさんのフランクさ、大分が好きという思いに、さらにKEIKOさんのパワーが乗っかって、今いろんな展開が始まっています。2023年もさまざまなことがありましたが、今後ｇｌｏｂｅのお2人のパワーによって、よりいっそう広がりを見せるはずです。公開生放送のためにわざわざOBSまで来て下さる方々からも、いつもマークさんとKEIKOさんへの愛を感じます。中には遠いところから来て下さる方もいて……本当にありがとうございます。『JOY TO THE OITA＋』は、皆さんのたくさんの愛が1つになって実現している番組ですね。これからもぜひｇｌｏｂｅに対しての思いや、いろんなリクエスト等々、たくさんお寄せいただければうれしいです！

RADIO

JOY TO THE OITA+

トーク傑作選

毎週月曜日・19時30分〜20時10分の40分間放送されているOBSのラジオ番組『JOY TO THE OITA+』。globeのKEIKOとマーク・パンサー、賎川寛人アナウンサーの3名が他愛もない話、大分の話など、ここでしか聞けないトークを繰り広げています。番組の前身となる『JOY TO THE OITA』で放送された回も含めて、3つのセクションに分けて、過去の放送回の中で特に話題になったものをピックアップ！
KEIKOからの突然の生電話から始まった運命の1日。KEIKOとマーク・パンサーが語る楽曲の思い出など、見逃せない内容ばかり！ 3人のおしゃべりを楽しんでください！

3sections!

Discover globe
マークさん、そしてKEIKOさんに、その楽曲にまつわる思い出を語っていただきながらその曲を深掘りしていきます！

切なさライセンス
リスナーの皆さんからお寄せいただいたお悩みに、マークさん、KEIKOさんにお答えいただきます。

Special talk
他愛もない話、大分の話など、ここでしか聞けないトークが盛りだくさん！

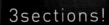

これが運命の1日。すべては1本の電話から始まった。

この日の前日、マークとKEIKOのツーショット写真がKEIKOのSNSに登場し、大きな話題となった。
生放送では冒頭からそのエピソードが語られる。
楽しく振り返っていたその時、まさかのKEIKOからのサプライズ電話が……!

㋮イベントが終わってちょっとKEIKOにLINEしてみようかなって。「元気? 今、佐伯にいるんだけど」って送ったら「来てよ!」って。「ああ、行く行く、行く!」って。

(賤)佐伯と臼杵は近いですからね。

㋮で、行って。お母さんもお姉さんもいて。みんなでワイワイして、個室に連れて行かれて「ビールでも飲みましょうよ」って。お母さまが、ちょっとお食事とかおつまみとか出してくれて。

(賤)はい。

㋮で、2人でちょっといろいろ話していて。「どう? 元気?」って。そしたら「マーク、いいな」って。「だって今日もイベントでglobe流したんでしょ?」と。「いいな」「え? どういう意味」「私もちょっと……いいな」って。

(賤)えっ!!

㋮「本当? じゃあ今度いつになるかわかんないけど、そういうイベントあったら隣に来る?」みたいな。「……いいな」って。

(賤)え…! 本当ですか!?

㋮ちょっとほろ酔いで、KEIKOが「写真撮っちゃう?」って。「じゃあ写真撮ろうよ」「ツイートしちゃう?」みたいな。

(賤)わーお!

㋮「えっ! だってKEIKOツイート何カ月ぶりなの?」と。

(賤)ですよねぇ!

㋮「何カ月ぶりかなぁ。でも、すごい楽しいし、なんかすごく気持ちいいからツイートしよう」って。それでツイート、本当につぶやき程度で「デート」みたいに入れて、KEIKOが確か「2人で久々にビール飲んでます」みたいな、そんなことだったと思うんですけどそれを入れたら……ニュースになっちゃうんだよね。

(賤)そう! Yahoo!ニュースに上がってきていて。やっぱり多くの方がどうなっているのか気になっていますし。

㋮うれしいよね。で、ちょっとなんか写真もかわいいしね。

(賤)そうですね。思いました。じゃあKEIKOさんは元気そうだったんですか?

㋮元気、元気。とにかくね、globeの話を2人でするわけです。昔の話もすれば、「隣いきたいな」っていう、これからの話もちょっとあったり。面白いなって。globeは3人のメンバーだけど、いろんな人が携わってるから、じゃあちょっとずつ、いろんな人たちに声をかけていく? みたいな話しも。

(賤)あぁ、そうなんですね。

㋮でもね、あの雰囲気は、あの個室の中はすごく気持ちよかったですよ。これ、友達とか、親友とか恋人とか……

(賤)あっ、ちょっと待ってください。もしもし……

㋮ん?

Ⓚもしもし~?

㋮おっ!!??

Ⓚおっ! おっ!(笑)

Ⓚ**KEIKOです。**

㋮おぉ~!!(拍手)

(賤)ちょっ!!

㋮すごい!

Ⓚどうも~!

㋮これ、打ち合わせしたような感じで電話きたけど、俺、びっくりして鳥肌立ってんだけど!

Ⓚ打ち合わせしてないよ~(笑)。

㋮えぇ~~!!

Ⓚ初めまして、ですよね。globeのKEIKOでございます。

(賤)あの、大分放送アナウンサーの賤川といいます。

Ⓚどうも、お世話になっています~。

(賤)今、ちょうど2人がツイートされたこととニュースになったことについて話していました。

Ⓚ私も少し今、聴いてました。

㋮KEIKO、今聴いてたの!?

(賤)(笑)。

Ⓚ聴いてたよ~。

㋮うれしいねぇ……3年越しにKEIKOがこの番組に出てくれたね。奇跡が1個起きたね。

(賤)この、前番組『GLOBISM』のときから、いつかKEIKOさんにご出演いただきたいですね、なんて話をマークさんとしていたんですよ。

Ⓚあぁ、そうですか!

(賤)……感無量です。

Ⓚよかったです~。

㋮KEIKOの元気な声が電波に乗っかるのって……

Ⓚ電波に乗っかるの、久しぶりだね。

㋮やばい、賤川さん泣いてるよ。目の前で。

(賤)いや、ちょっと、驚きました……!

㋮うれしいね。

Ⓚ昨日はありがとうございました、マークさん。

㋮昨日、楽しかった~。

Ⓚ楽しかったわ。

㋮僕、別府に泊まってるんだけど、帰りもう本当にうれしすぎちゃって、車の中で。最高でしたね。

Ⓚ本当ですか? なんか、すみませんねぇ。ラジオ使ってこんな……

(賎)KEIKOさんは、マークさんがよく大分にいらっしゃっていることを知っていたんですか?

Ⓚ知ってましたね。

㋮よくLINEでね「会おうよ〜」とか言ってたけど、タイミングが合わなかったりでね。

(賎)今、ツーリズム別府大使になったりで大分県でいろんな活動をされてるんですよ。

㋮それ、思いっきり爆笑されたからね（笑）。

Ⓚ本当ですよね（笑）。

(賎)昨日マークさんがイベントでDJをされて、KEIKOさんがその話を受けて「いいな」みたいな話をしてたと聞いたんですけど。

Ⓚそう、いいな、って思いましたよね。

㋮ちょっとこれ、KEIKOが生で出ちゃってるからね。いっしょに何かやろうよ、っていう話はちょっとしたんですよ。

Ⓚですね。そういう話をしたんだよね。2人でね。

㋮ちょっと、ドキドキしちゃってるんだけど! いいの?

Ⓚ私もドキドキしてますよ。

㋮もう大変なことになっちゃってる。スタッフがドタバタしてるから。

(賎)生放送中に電話がかかってくるなんて、なかなかないことなので。何があったんだろうと思ったら、KEIKOさんからの声で。私たちはすごく驚いています。

㋮なんか俺、悪いこと言って怒られるんかなって（笑）。

(賎)KEIKOさんは最近はどういう風にお過ごしなんですか?

Ⓚジムに行ったり、とりあえずトレーニングです。

㋮ヨガもやってるんだよね?

Ⓚヨガもやってるよ。

㋮俺、昨日その話聞いて、俺もヨガ始めよう、って。もう、KEIKO大好きだから、KEIKOのやってること全部やりたいんだよね、俺。

Ⓚね、やりたいんだよね（笑）。

㋮なんかちょっと、すごい番組になっちゃいましたね。

Ⓚなんだか、すみません（笑）。

(賎)あの……もし懲りなければ、また番組にも出ていただきたいなと思いますし。

Ⓚそうですね。はい。

(賎)本当に、グローバーの皆さん、大分県民、日本で音楽を愛する方々が、KEIKOさんの声を聞けてすごくうれしい気持ちになってる方、たくさんいると思うんですよ。そういう方を踏まえまして、リスナーの方に向けて一言メッセージをいただいてもよろしいですか?

Ⓚはい。globeのKEIKOです。リスナーの皆さん、いつも聴いていただいてありがとうございます。そして私ですけど、元気に頑張っております。

いつかまた、みんなに、歌声を届けられたらいいな、って。

㋮おぉ………!

Ⓚそう心底、思っております。頑張りますので応援してください。よろしくお願いします。

一同：(拍手)

㋮やばい、最高……! 本当にもう、びっくりした!

Ⓚ（笑）。

㋮これは本当に、もうスーパーサプライズですね。

Ⓚスーパーサプライズでしたね。

(賎)本当は59分まで番組があるので、57分まで引っ張りたいんですけど重要な情報は小出しで、ということでこのあたりでせっかくなのですが……!

Ⓚそうですよね! すみません! なんだかお邪魔しまして、申し訳ありません!

(賎)またぜひともご出演ください!

Ⓚはい! どうも、ありがとうございます! じゃあね、マークちゃん。バイバイ!

㋮じゃあね! また、あとで行こうかな、なんて（笑）。ありがとう〜! じゃあね!

Ⓚバイバイ!

（電話が切れる）

㋮……いや、ちょっと!

(賎)ちょっと……!

㋮なに!? どういうこと! これ、ガチだからね!

(賎)私たち、本っ当に何も知らなかったんですよ。マークさんも知らなかった?

㋮知らなかった!（笑） KEIKOが勝手に、電話番号調べてかけてきたんだよ。すごくない!? 今まだドキドキしてる。

(賎)灯火は消さない、というふうにいわれて、この大分で番組をいろいろやりながら、各地でいろんなDJイベントをやりながら……それを踏まえた上で、今日です。

㋮そう考えるとやばいね! グッとくるものがあるね。ずーっとやってきて、電波に2人の声が乗って、最後のメッセージで「歌声を届ける」って。「奇跡は必ず起きるのさ」って言ってきたのが現実味帯びてきましたね。

(賎)奇跡は必ず起きる、という、その一歩目を見た感じですね。

㋮その一歩目が『JOY TO THE OITA』だぜ……! 3年間続けてよかったよね!

(賎)いや……本っ当に。今回はとてつもないイベントになりましたね。

㋮KEIKOがそのイベント、すべて持ってっちゃったね（笑）。

再び、突然来たKEIKOからの電話。夢の実現へ、展開は加速する。

その日は、月1回の生放送。
月間テーマ「スポーツ」を題材にマークが
自身のエピソードを語っていたところ
突然、スタジオに電話がつながれる。
受話器の向こう側から聞こえてきたのは、
聞き覚えのある「もしもし」という声だった。

Ⓚもしもし！
銭あれっ？
㋮あれっ!? もしもし！
Ⓚもしもし！（笑）
㋮えっ!?
Ⓚマークさーん！
㋮はいっ！ マークです！
Ⓚ（笑）。
㋮えっ！ KEIKO!?

ⓀKEIKOだよ（笑）。


銭（笑）。

㋮なに、なに!? なんなの、この番組！（笑） すごすぎない!?

銭この番組で唯一、電話を自分からかける権利があるのはKEIKOさんのみ。

Ⓚなんか気軽にかけちゃってるけど大丈夫かしら。

㋮おぉ～！ どうしたの？

Ⓚ聴いてましたよ～。

㋮マジで！ あっ……で、KEIKO、スポーツは？

一同：（笑）。

Ⓚ『10000 DAYS』。

㋮もうすぐだね。

Ⓚもうすぐですよ～。

銭12月、クリスマス。

Ⓚ皆さま、よろしくお願いいたします（笑）。

㋮それを言うために電話してきたの、すごいですね～！

Ⓚ（笑）。

㋮ありがたいですね～。

Ⓚとんでもないです。


㋮っていうかさ！ きてよ！


Ⓚ行く行く！

㋮えっ？ ここに！

Ⓚ行くよ～。今からはちょっと（笑）。

銭ごめんなさい！ あと17分で番組終わっちゃうんで、今日は（笑）。

㋮次、来てよ！

Ⓚ次、行こっか！

㋮この『10000 DAYS』の話いろいろしようよ。

Ⓚしようしよう。

㋮僕たちだけしか知らないglobe話とか。

Ⓚしようしよう！

㋮いいね。

銭そんな2人でトントン拍子で話決まっていきます？

㋮いいじゃん！

銭KEIKOさん、変わらずお元気で？

Ⓚもうめちゃくちゃ元気ですよ～しずちゃん。

銭ありがとうございます～！

㋮いや～すごい……なんかちょっとまた鳥肌立ってんだけど。

Ⓚ鳥肌立ってますか？

㋮鳥肌立つよ。いきなり。ちょっと、言ってよ！（笑）

LINEでもいいから。今から電話するから、とか。

Ⓚだよね（笑）。なんか驚かせたくなっちゃってね。

㋮ちょっと後ほどいろいろこちらでいろいろやって……ぜひ！

銭またいつか、KEIKOさんに。

㋮もし、来れるのならば。

Ⓚうん！ 近々行きます！

銭ワーオ!!

Ⓚ（笑）。

銭いや、お元気な声を夏以来また聞けてすごくうれしいです。

Ⓚ元気ですよ～。ありがとうございます。

㋮震えるね。素晴らしいね。いい番組だね！

Ⓚいい番組ですね、『JOY TO THE OITA』。

銭KEIKOさんから……『JOY TO THE OITA』！

Ⓚ「JOY JOY～♪」ですね（笑）。

一同：（笑）。

㋮KEIKO、いいね～！

Ⓚいいでしょ～？ なんにもお酒も入ってませんので（笑）。明るいだけです～。

㋮会いにいっちゃおうかな～。

Ⓚ会いにいっちゃいますか～。

銭KEIKOさん、またぜひ、電話出演が続いていますので、無理のない範囲内でこの『JOY TO THE OITA』に関わっていただければすごくうれしいです！

Ⓚ本当に、近々行っちゃうよ！

㋮本当に!? もう毎週生放送にしたらどう? (笑)

賎(笑)。

㋮今、何やってたの?

Ⓚ今ですか? 今日はお客さまが来たりとか。マークは何してたの? ってラジオだよね。

㋮そう、ラジオ。今日3時起き。

Ⓚ3時? 朝3時!?

㋮朝の3時に起きて。

Ⓚって、そんな普通に普段してるような会話を電波で流してもいいの?

賎それがいいんです。それが大事なんです。

㋮いや~うれしいな~。

Ⓚ近々本当に遊びに行きますね。

㋮ぜひぜひ!

賎電話いただきまして、うれしいです! これは私たちからリスナーに電話をかける番組なんですけど、リスナーから電話してOKなのはKEIKOさんのみなので(笑)。また、これからもぜひぜひ関わっていただければうれしいです。

㋮いや~、なんか本当にもう……聴いてくれてるんだね、KEIKOもね。

Ⓚマーク、ゴルフ行きましょうよ。

㋮ゴルフ、行く行く。明日行く? (笑)

Ⓚ近々!

㋮本当にありがとう。最後はちゃんとスポーツの話で締めてくれるところがさすがだね。

賎(笑)。聴いてくれてますね。

Ⓚ皆さん、globe聴いてください~。

賎はい! ということで、ここまでKEIKOさんと電話をつないでお届けしました。ありがとうございました!

Ⓚじゃあね、マークちゃん!

㋮ありがとう、KEIKO!

(電話が切れる)

㋮いや、もうびっくりしました……! 本当に生電話だよ。

賎本っ当に驚きましたね。

㋮いや、この間で最後なのかなとか思ったら、またほら、みんな放心状態なっちゃって。

賎(笑)。

㋮今日3時起きで、大分着いてYouTubeロケが2つあって、昼から収録でロケで3カ所行きました。うち1カ所なんて、なんかもうすげえスポーツで、もうちょっと足が筋肉痛で。で、OBS着いて違う番組2本収録して。

賎もう何本録ってるんだ、って。

㋮今、生放送中でちょっと、ウトウトし始めたところでKEIKOから生電話で、もう目ぇ、覚めちゃって!

賎はい!

㋮素晴らしい。もう、なんていうか頭が真っ白になっちゃってるから、何の話だったかをちょっと、もう1回思い出すと……次、ここに来るって言ってましたよ!

賎ね!

㋮ね! もう何年越しの夢? それ。本当にここにKEIKOを呼ぶって。ついに実現するわけですか!?

賎それは、いつかな~なんて思うんですけど、いずれ来ていただけるってのがわかったのがすごくうれしいですね。

㋮電話だと「本当にKEIKO~?」って思ってんでしょ? (笑)

賎いや、私は思ってないですよ! 会話聞いてたらこれはもう本当にKEIKOさんだなって思いますよ。

㋮来たらもう、やばいっすよ。ちょっと来て、いろいろお話ししたいなと思います。この夢、実現するなんて素晴らしいなぁ。

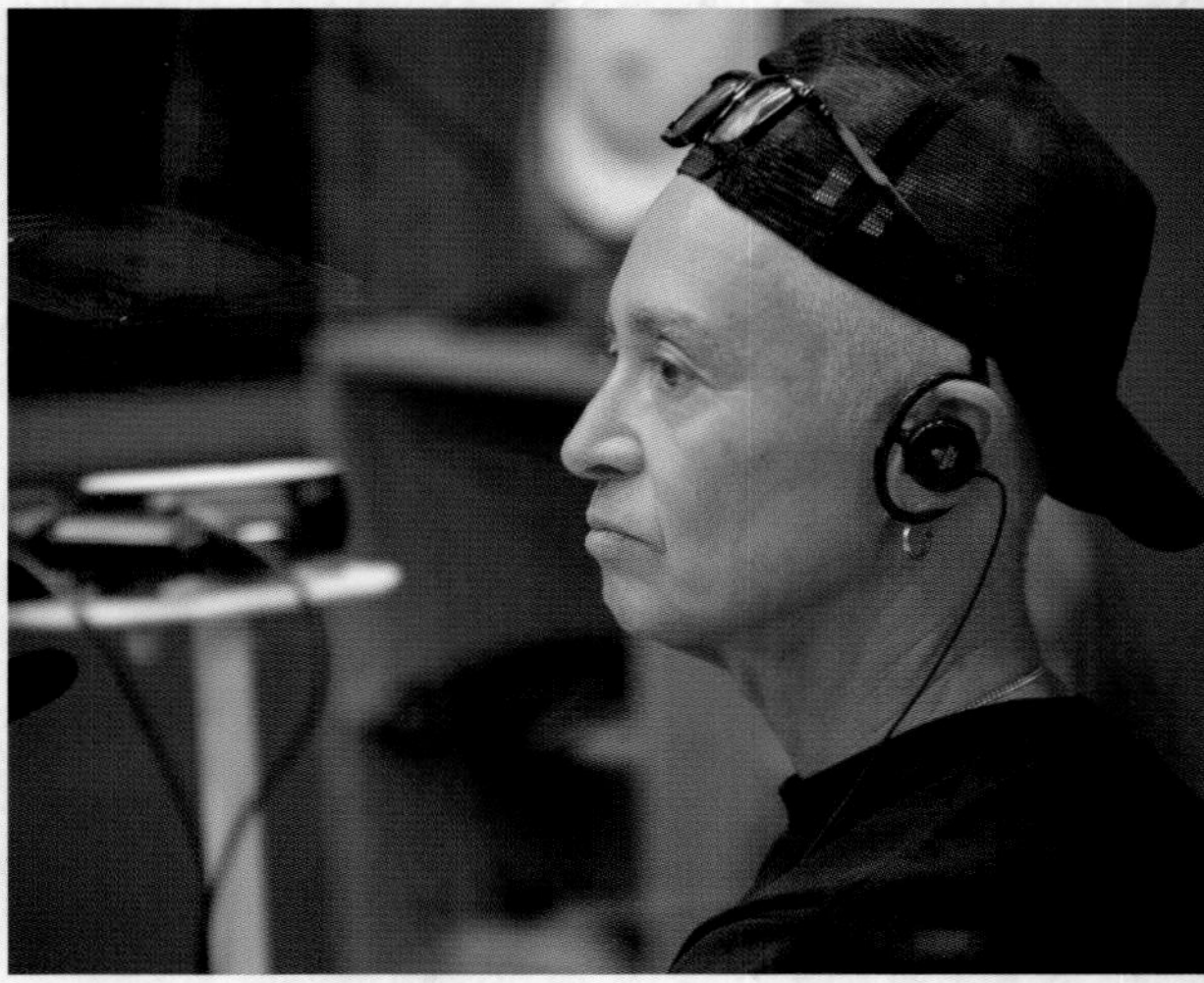

Discover globe

切なきライセンス

Special talk

サプライズ! KEIKOがついにスタジオ出演。約10年ぶりの奇跡。

冒頭から「重大発表があります!」と語る、銭川アナウンサー。

スタジオの扉が開き、そこにKEIKOが現れる。

軽快なトークで、番組はあっという間に終盤に。

そこで2つ目の重大発表。

KEIKOのレギュラー出演決定が知らされた。


(銭)重大発表3つあります。1つ目、いきましょう!

㋮いきましょう!

(銭)ゲストの登場です。

㋮おぉ~!

(銭)マーク・パンサーさんがOBSで番組を始めて3年少々。

㋮3年になります。

(銭)ず~っと、1つの思いがありました。

㋮やばいです。今、鳥肌立ち始めましたよ。

(銭)**その思いが叶うときが来ました!**

㋮来ました!

(銭)さぁ! 扉が開いて入ってきました!

㋮入ってきた~!! すご~い!!

一同:(大拍手)

(銭)自己紹介をお願いします!

Ⓚどうも~、globeのKEIKOです! 皆さん、お久しぶりです!

(銭)KEIKOさん、スタジオ生出演です~!!

Ⓚ生出演! びっくり?

㋮ちょっと、鳥肌止まんないんですけど……!

Ⓚうっそ~?

㋮本当よ。

Ⓚ本当~?

(銭)あの夏から電話出演していただいてというタイミングがありましたけども、マークさん、ついに**KEIKOさんが隣に座っています。**

㋮やばいね!

Ⓚやばい(笑)。

㋮すごいね……! 信じてると夢って実現するもんだね。

Ⓚですねぇ。今日は人が多いですね(笑)。私でもそう思います。

㋮何かが不思議だったんです。ずっと。

Ⓚそうなんですね。

㋮はい。

Ⓚすごい。よろしくお願いします!

㋮ラジオなのに、しずちゃんスーツですから(笑)。

(銭)いつもはもっとカジュアルな格好なのに(笑)。

Ⓚそうなんですね。

㋮わぁ、すごい! KEIKOが来ました~!

Ⓚお願いしまーす!

(銭)KEIKOさん、OBS入るまで、いろんな想いだったりとかいろいろあったかと思いますが、いかがだったでしょうか?

Ⓚめちゃめちゃ緊張しましたよ(笑)。やっぱりね。だって相当久しぶりだもん。

㋮そうだねぇ……。

Ⓚ電話で出演のときもドキドキしながら電話してた。だから来るのは、もうすごい久しぶりで。

㋮だって電話のときでさえ、ニュースとかで「11年ぶりに電波に乗る」みたいなことで。

Ⓚそうそう。

㋮その11年前の電波が何なのかを調べてもわかんなかったんだけどね(笑)。

Ⓚ全然わからない(笑)。

㋮でも11年以上は出てないわけですよね。

Ⓚ出てないですねぇ。だから、声もすごい久しぶりで。こうやってね、スタジオに来てこんな近くにいるの。

㋮すごい、動いてるよ!

(銭)本当に!

㋮本物やん!

Ⓚ動いてますよ~(笑)。

(銭)今日夕方、OBSお越しになって、少し待ち時間があって今、このマイクの前に座っていただいて。どうでしょう?

Ⓚマイクの前ですね~。なに歌いましょう(笑)。

㋮おっ!? (笑)

Ⓚなんでやねん!(笑)

(銭)ちょっとその話は、まだまだ先にということで(笑)。

㋮そうだね。

(銭)まだまだあるので!

Ⓚマイクの前に座ってですか? いや、まだまだ緊張してますけどね。

(銭)けど、それこそマークさんとも話してましたけど、KEIKOさんが生放送で電話してきたときに緊張されたんじゃないのかな? みたいな感じもありながら。

Ⓚはい。

(銭)だけど、普段通りだったよね、みたいな話をマークさんと話し

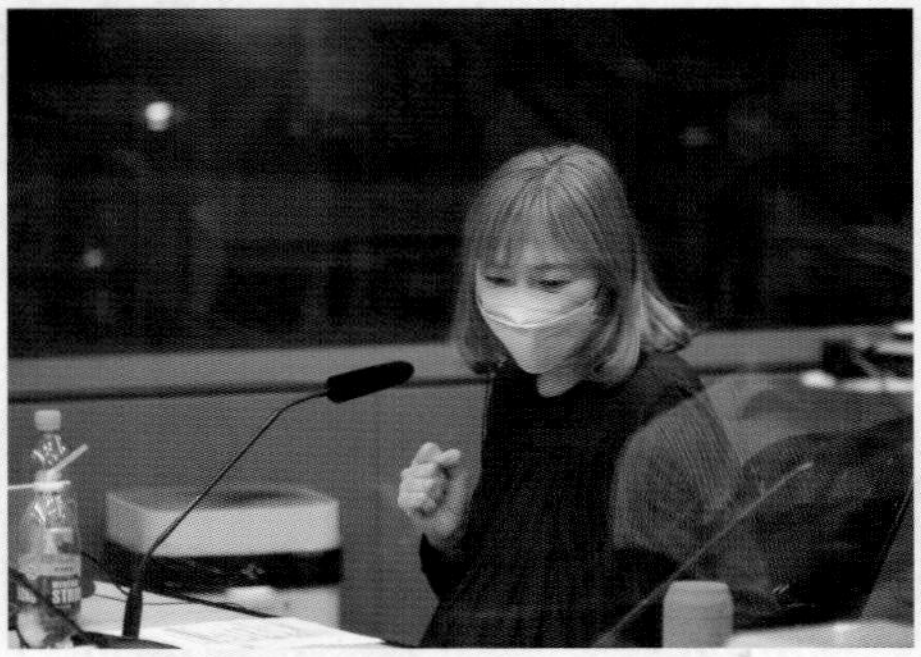

ていたんですよ。

Ⓚね、そうでしょ?

㋮今も普段通りだよね、KEIKOはね。

Ⓚそう?

㋮普段通りだよ。これがいいんだよね。これがKEIKOなんだな、って。

Ⓚそうですね。普段通りですね。

賎今、LINE LIVEも生配信していて、メッセージもたくさんのリアクションがあるのかな、なんて思うんですけども。

Ⓚわぁ、楽しみ、楽しみ!

番組スタッフ：今日は始まった当初からスタッフが多いなっていう。

㋮だって今日はサテライトスタジオなんだけれど、外にファンの人たちがいっぱいいるんだけど、いつもより多いですね。

Ⓚ多いんだ。ここの声は聴こえてるんですか?

賎スピーカーがあって皆さんに届いてるかと思いますね。

Ⓚそうかそうか。それで聴いてるんですね。

番組スタッフ：「KEIKOちゃん、待ってました。うれしすぎて泣ける。大好き」ってLINE LIVEのコメントが。

Ⓚわぁ!

番組スタッフ：「念じれば花開くんだな〜」ってコメントも。

Ⓚあぁ、なるほどな〜。

㋮すごいなぁ。いや本当に、もう当初3年前にまだ『GLOBI-SM』……

賎『GLOBI-SM』から『JOY TO THE OITA』に。

㋮『GLOBI-SM』か、スタートが。それでね、1回止まっちゃったの。

Ⓚえっ!

㋮それがもう、上層部やスポンサーの方たちのおかげでまたスタートしたわけ。

Ⓚはい、はい。

㋮それで一言、「生放送でもやれたらな」って。そしたら生放送によ! KEIKOが電話してきて!

Ⓚそうですね(笑)。

㋮奇跡が、どんどん、どんどん。これもう、超うれしくてさ。

番組スタッフ：うれしいですね〜。

Ⓚそうですか〜。ありがとうございます。

㋮もしかして……一緒に歌える日が来るかもしれないね!

Ⓚうわぁ。ねぇ、楽しみですね!

賎電話出演の際にKEIKOさんがおっしゃってたのが、例えば普段は本当に普通に過ごしていて、ヨガやったりとか、ちょっとお買い物したりなんて話がありました。最近はどうでしょうか?

Ⓚ最近ですか? 最近もう、ゴルフ。ちょっと、そっちが楽しいかなっていう感じがしてます。今はね。

賎それこそSNSにあげられてましたよね。

Ⓚはい。

㋮あげちゃったね。そしたらあれもちょっと騒ぎになりましたね。

Ⓚなりましたね(笑)。

㋮ゴルフ、一緒に行って。もうね、面白かったね。

Ⓚしずちゃんとも行きましたよね。

賎そうなんですよ。実は、私もお邪魔させていただきました。

㋮ちょっと! なんで僕、呼ばないの、それ。

Ⓚいなかったからだよ〜。

㋮えぇ〜。

賎私の初めてのラウンドデビューのときにごいっしょさせていただいて。

㋮だからKEIKO今、ゴルフにはまってるんだ。

Ⓚはまってますね〜。

賎じゃあ、運動したりとかも結構されるんですか?

Ⓚ運動したりとか、だからゴルフですね、うん。

賎それこそ、例えば暮らしてたらお腹すいたりとかして、ご飯食べることもあるかなと思うんですけど……

Ⓚ暮らしてたら(笑)。

㋮そりゃお腹すいたらご飯食べるけど。

賎当たり前のこと言いました(笑)。例えば、やっぱりこの番組のリスナーの皆さんは、もうご存じ。KEIKOさんといえば「山田屋」!

Ⓚはい。

賎これ、私ずっと気になってたんですよ。やっぱり、ふぐはよく召し上がるんですか?

Ⓚそうですね。例えば姪っ子の誕生日とかだったら「ふぐにしようか」ってお願いをしたり。

賎あぁ、そうなんですね。

Ⓚ私の誕生日とか。でも最近はあんまり食べてないから。

㋮ふぐ屋だからって、毎日ふぐ食べないでしょ。

Ⓚそうですよ〜。

賎ごはん作られたりもするんで

すか？

Ⓚしますよ〜。あんまり得意じゃないですけど。

(銭)**得意料理とか聞いてもいいですか？**

Ⓚ得意料理……特にないです（笑）。

㋮なんか普通のラジオ放送みたいな感じで。

Ⓚめちゃくちゃ（笑）。

㋮いいねぇ〜。

(銭)やっぱねえ、ゲストが来たときには得意料理聞くってのがあります。

㋮でも昔ね、ナスと挽肉のカレーを作ってもらったことがあって、めちゃめちゃうまかった！

Ⓚあぁ、ね！

㋮どっかの、何かキャンプ場みたいなところでね。作ってくれてね。

Ⓚ確かそうだった。よく覚えてるね！

㋮おふくろの味と一緒で、KEIKOの味は忘れられないですよ。

(銭)へぇ〜！

Ⓚ本当ですか〜？

(銭)スパイス感あふれる感じでした？ それとも家庭の味みたいな感じでした？

㋮なんかね、優しい味だった。

Ⓚうん、うん。スパイス感あふれない。

㋮あふれない。優しい感じ。

Ⓚ優しい。

(銭)そうなんですね。

Ⓚそうよ。

(銭)で、さらにお2人に関連していることで言うと、今年のクリスマスイブ。12月24日に『10000 DAYS』が発売されるのです。

㋮はい！

Ⓚですです！

(銭)これ永久保存版の豪華BOXで、デビュー1万日を記念したものですよね。貴重な未発表コンテンツも含む全曲リマスタリングで、この中には新曲もあるそうですね。

㋮入ってるんですよ〜。まず1万日目に気づいたスタッフがすごい！

Ⓚね、すごいよね！ 本当に。

㋮「クリスマスの日が1万日目なんですよ」っていうところから、その話が始まったんですよ。「クリスマスプレゼントとしてすごくいいんじゃないかな」って。その日のために未発表曲、その名も『WHITEOUT』っていう曲があるんですけど。1回だけInstagramに25秒かそのぐらい流れたんだけど、それを再度、歌って。

Ⓚはい。歌いました。

㋮僕はラップを入れて、ハモって。1個、globeの曲が完成した。新曲ですね。

Ⓚそうです。新曲ですよ。

㋮歌ったんだけど、いいんだよね！ これまた、ちょっと鳥肌立つんだよね。

Ⓚ立つよ〜。

㋮マジで。今日、流す？

(銭)いや、その素材の準備はまだないと思うんですよ（笑）。

㋮まだだよね（笑）。日本全国の映画館で、シネマビューイングやるんだけど、見に行く？

Ⓚ見たい〜。

㋮俺もどっかで、ちょっとシークレットで見に行こうかなって。

(銭)その中にも入っていますし、やっぱりglobeといえばデビュー曲。ということで今日この時間に1曲お届けしようと思います。マークさんから曲のふりをお願いしてもいいでしょうか？

㋮はい。いってみましょうか。僕たちのデビュー曲で、『Feel Like dance』！

（曲が流れる）

(銭)KEIKOさんご出演いただいて、15分ぐらいが経ちましたが、いかがですか？

Ⓚ早いですね！ もうそんな経っちゃったんですか？

(銭)そうなんですよ〜。マークさんからしても、横にKEIKOさんがいる状況での生放送。

Ⓚ（笑）。

㋮なんかいいですよ。すごい気分がふわっとして……いいね！ いつもとちょっと、なんか違うね。気持ちがいいです！

(銭)2019年の10月、前の番組『GLOBISM』が始まった当初から、いつかKEIKOさんに出てもらいたいと。

Ⓚそうだったんですね。

㋮それがちょっと目標だったんだよね。

(銭)そうなんですよ。

㋮せっかく大分で始まったわけだから、こんなに近くにいるんだから……。

Ⓚはい。来ましたよ！

㋮来た……！ 3年経って。素晴らしい。

(銭)いや〜本当にうれしいことだなと思います。リアクションもかなり来ているようですね。

Ⓚうれしいな〜。

番組スタッフ：ええと「スタジオ内楽しそう〜」。あと「KEIKOちゃん、手を振って〜！」。あそこにカメラがあります。

Ⓚはーい！ こんばんは〜。

番組スタッフ：「KEIKOちゃんを拝めているのが信じられない」というメッセージも（笑）。

Ⓚ拝まれてます（笑）。

番組スタッフ：「僕も予約しまし

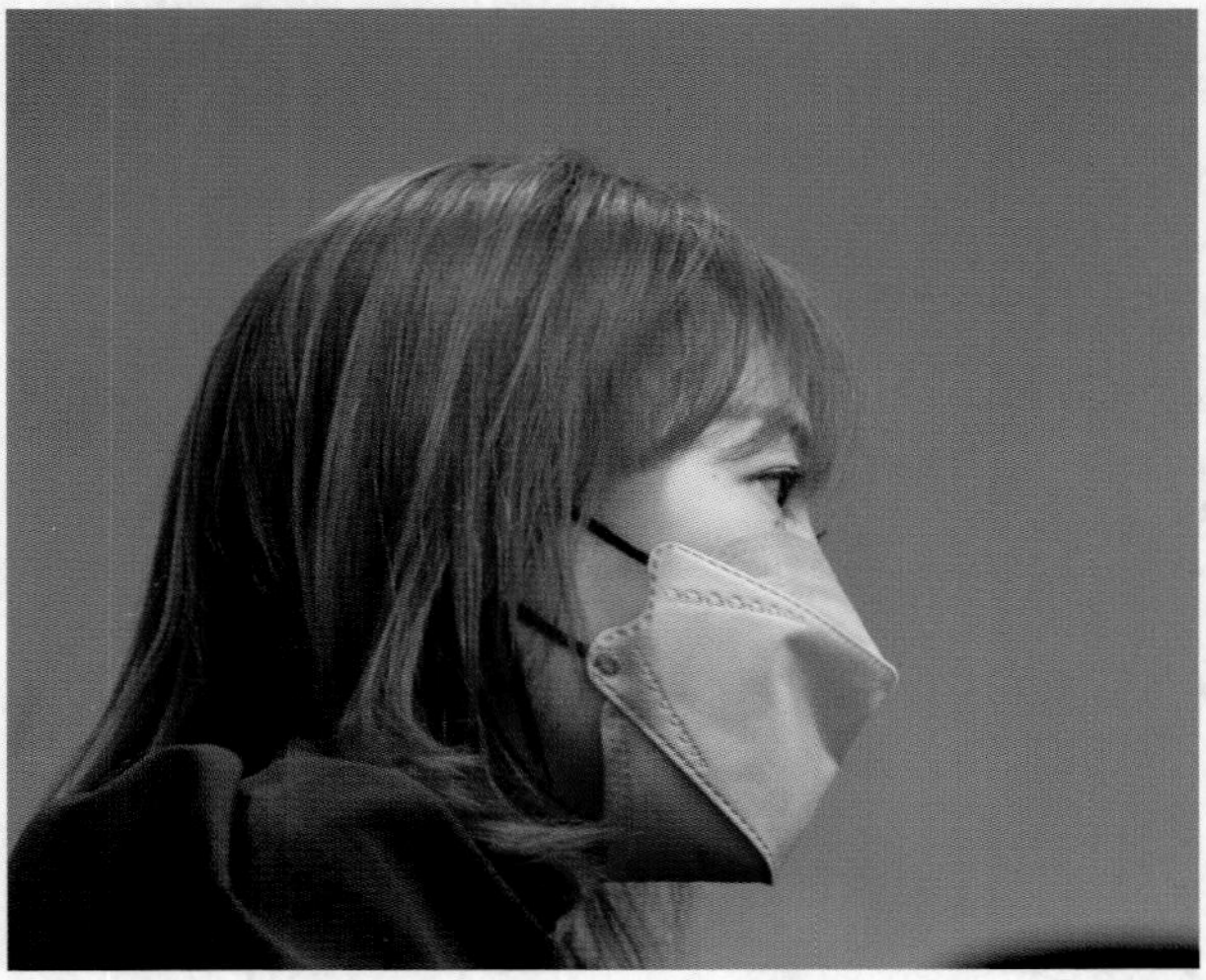

た」「新曲楽しみ～」、これは『10000 DAYS』についてですね。

㋮本当に楽しみにしていただいて間違いないと思います。本当にすばらしい曲です。詞もいいし、KEIKOの歌もいいし。

Ⓚいやいや～……めっちゃいいんですよ（笑）。

一同：（笑）。

㋮変わってないでしょ～？（笑）

(銭)最初にお伝えしたサプライズ発表、1つ目は先ほどのKEIKOさんのサプライズ出演でした！　2つ目の発表……KEIKOさんからお願いします！

Ⓚえっ、2つ目の発表、なになに～？　なんて（笑）。

(銭)（笑）。

㋮びっくりした（笑）。本当に知らないのかと思った。お願いします！

Ⓚわたくしが出演する、ってことですよね。なんと、ラジオのレギュラーですよね？

㋮レギュラーで出演してくれるんですか⁉

(銭)『JOY TO THE OITA』に、KEIKOさん、レギュラー出演してくださいます！

Ⓚレギュラー出演！

一同：（拍手）

Ⓚイエーイ！

㋮すげぇ！　……俺は⁉

(銭)もちろんマークさんもいますよ！（笑）　マークさんアウト、KEIKOさんインじゃないですよ！

㋮そうなの？　あぁ、よかった～！（笑）

Ⓚお願いします（笑）。めっちゃおもろいわ～。一緒に！　っていう。

㋮2人でラジオをやる、っていうのは昔、『ナントカGOGO』っていうのをやってたんですよ。

番組スタッフ：『globe driving a go go』ですね。

Ⓚ『ドラゴー』以来！

㋮それが結構伝説の面白い番組だったんですけど。また2人でこれから番組をできるわけですね。

Ⓚよろしくお願いします～。

㋮来年2023年、おもしろいことをやりましょう！

(銭)それこそさっき、得意料理の話をしてるときに、マークさんが「ラジオ番組っぽい」なんて話してましたけど、なんかいろんなKEIKOさんの日常だったりとか伺えたらな、なんて思いますね。KEIKOさんも、なにか意気込みなどがありましたら。皆さんにお伝えできる範囲でいかがでしょう？

Ⓚ意気込みっていうとね、なんか「頑張りまーす‼」みたいなことなんですけど（笑）。本当にそんな感じですよ。「やりまーす！」みたいな。

㋮めちゃめちゃKEIKOだ（笑）。

Ⓚ頑張りまーす！　しゃべりまーす！　ラジオ、やりまーす！

㋮KEIKOだ（笑）。

Ⓚ私も、楽しんでやりたいですね。

(銭)そうですね。また皆さんにさまざまな形でお2人の魅力をお届けできればな、なんて思っています。2つ目のサプライズ発表は「『JOY TO THE OITA』、来年1月よりKEIKOさんレギュラー出演決定」でした。

Ⓚいや、そうだったんですね～。

(銭)次、3つ目のサプライズ発表は、2023年1月2日放送分から放送時間が10分増えます。40分になります！

一同：（拍手）

㋮すごい、どんどん長くなってくね～。いつかテレビ番組になっちゃうんじゃないの～？

(銭)LINE LIVEもリアクションがたくさん来ていますね。

番組スタッフ：「泣いてます」とか「ロケにも行くのかな～？」とか「元気そうで何よりです！」。

Ⓚ元気です！

番組スタッフ：あとね「グログロビー」っていう挨拶、懐かしいですとか。

㋮それ、『ドラゴー』じゃなかった？　グログロビーって言ってなかったっけ？

Ⓚ本当？

(銭)のこり1分少々です！

Ⓚ1分少々⁉　短いですね～。

(銭)まずマークさん、いかがでしょうか？

㋮いやぁ、ねぇ、なんていうのか、この生放送が始まったときのドタバタ感が今日また来ましたね。

(銭)そうですね。

㋮先週まで生放送が静かだったんだけれども、今日ドタバタです（笑）。いい感じです。これが生放送だなと。いや、本っ当にKEIKO来てくれてうれしいなって。

Ⓚありがとうございます。

㋮夢をあきらめない！　これからもね、絶対にもっとでっかい夢を見て、追いかけ続けようかなと思います。

(銭)KEIKOさんからも一言お願いします。

Ⓚ私からですか？　同じですけどね、私も今日来て、本当によかったと思ってます。なんかね、みんなにとにかく届けられたらな、ってばっかり言ってたんですけど、まずこれが一歩かなと思ってますし、**まだまだこれから頑張りまーす！**

(銭)あぁ、いいですね～！

Ⓚ一緒に頑張りましょ？

一同：（拍手）

KEIKOが語る、ソロインタビュー。話題は今後の抱負、プライベートまで。

レギュラー出演直前のタイミングで
賎川アナウンサーがKEIKOに
単独インタビュー。
スタジオ初出演（2022年11月28日）の感想、
ゴルフに夢中の日々など
ここでしか聞けないエピソードを語った。

Ⓚどうも、こんにちはgｰobeのKEｰKOです！

(賎)11月末の収録は、どうでした？

Ⓚガッチガチに緊張してましたけど（笑）。

(賎)いや、あれは緊張しますよね。

Ⓚしますよね！　なんか見られてて。

(賎)大人のスーツ着た男性が多すぎですし。外は外で、またファンの方もいらっしゃって。

Ⓚそうなんです。なんかバツタバタな感じと、はじめましての人もたくさんいるなかで。

(賎)ですよね～。いや、KEｰKOさんもやっぱり緊張することってあるんですね。

Ⓚめちゃくちゃありますよ。めっちゃ緊張しますよ。そう見られないんですけどね。ライブ前とかも、めちゃくちゃ緊張します。

(賎)それこそ90年代ゼロ年代の映像を見ると、堂々とされてる感じで。

Ⓚえぇ、よく言われるんですけど、緊張しますよ。当たり前ですよ～。

(賎)そうなんですね。見えにくいタイプですね。

Ⓚ隠すの、うまいのかな（笑）。

(賎)振り返ると2022年7月に電話でサプライズ出演。

Ⓚしました。

(賎)そして、11月頭にまたサプライズ電話出演、2回目。で、11月末に出てもらってレギュラー出演決定の報告をしました。

Ⓚはい。

(賎)いろんな変化があった年だったと思いますが。

Ⓚありましたね～！

(賎)去年2022年、どんな年でしたか？

Ⓚいや本当にいろんな変化があった！　そのままですけど、パクリますけど（笑）。本当にいろんな変化がありました。やっぱりこれに出て、いろんなニュースで取り上げてもらって、いたるところで「本当に元気だったんだね」って。

(賎)あぁ。

Ⓚだから、そう思ってない人がたくさんいるんだなと思って。まだまだ。

(賎)だからKEｰKOさんがお元気な姿で、こういうふうに電波に乗っけてご自身で話をされる。これに喜んだって方がものすごく多かったなと私は思いました。

Ⓚねぇ、ありがたいです。本当に。めちゃめちゃ元気です！

(賎)そうですね。

Ⓚはい。この間、歌いましょうか？　って言ったからね。使われてたけど（笑）。

(賎)もう、びっくりするぐらいその部分がメディアで使われましたね。

Ⓚ「歌いましょうか？」ばっかりね（笑）。で、お前、歌わんのかい！　って（笑）。

(賎)まだ早い、まだ早い（笑）。

Ⓚ（笑）。

(賎)そんな中で2023年からラジオに出てもらうようになって、今までとは違うような1年の過ごし方になるかな、なんてイメージもしますが、どうでしょうか？

Ⓚそうですね。違うようになるでしょうね。でも、今やっぱりゴルフが楽しくて（笑）。

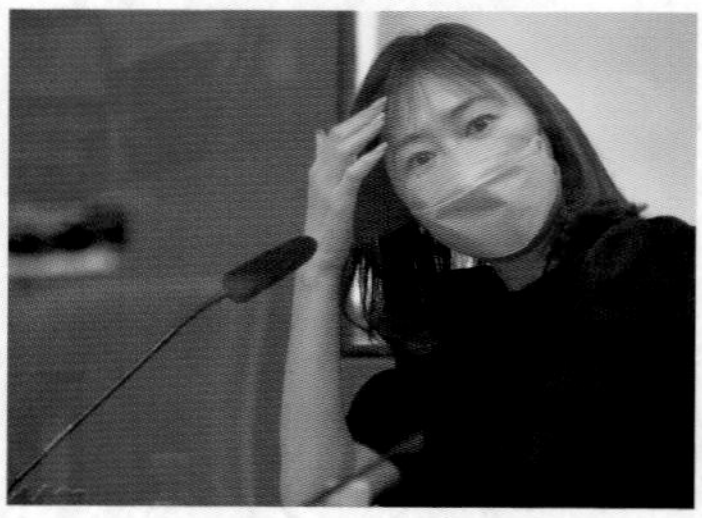

今やっぱりゴルフが楽しくて（笑）。

そっちかい！って。

(賎)やっぱりそうですね！

Ⓚ楽しいんですよ～。

(賎)だってマークさんが基本的に月に1回、来県されたときは大体いっしょに行かれてますよね？

Ⓚ行ってますね！　楽しいですよ～。

(賎)前のラジオの生放送のときにKEｰKOさんからぶっちゃけてもらいましたけど、私のゴルフラウンドデビューはKEｰKOさんとともに。

Ⓚねぇ！　やりましたね。

(賎)そのときに実はKEｰKOさんのお姉さんとともに行って、私は姉妹の仲の良さを身をもって体感しましたね。

Ⓚいやいやいやいや、恥ずかしい。

(賎)競い合いながらやる感じ。じゃあ、ゴルフやるときも大体お姉さんと一緒に回ったりすることが？

Ⓚ多いですね。まだまだそうですね。

(賎)得意なのは、ドライバーとかアプローチとかパターとかいろいろありますが。

Ⓚなんだと思いますか～？　ドライバーなんです。

(賎)そうなんですね。飛ばすのが好きなんですね。

Ⓚって今、「なんだと思いますか」って聞いといて、答えんの早っ！（笑）

(賎)（笑）。

Ⓚドライバーなんです（笑）。

(賎)そうなんですね。あの長いコースの方が好きなんですね。

Ⓚよく言われるんです。ドライバーがうまいって。真ん中に行くんですよ。飛ばないんですけどね。右行ったり左行ったりとか。

(賎)最近の過ごし方で言ったら、ゴルフが多くて、あとはテレビ見たりとか？

Ⓚしますね。

(賎)あとは『鬼滅の刃』のケーキもSNSにアップされてました

よね？

Ⓚあげてた！

(賎)だから、アニメとかも結構見るのかな思ったんですよね。

Ⓚそれは姪っ子の影響ですね。「一緒に行こうよ」って言われて「行こっか」っていう。私が自ら言ってるわけではないんですけど。「KEIKO！ KEIKO！」って言います。どこにいても。

(賎)じゃあ、普通に姪っ子さんといろいろ遊んだりとかいうこともあるんですね。

Ⓚそうですね。ありますね。ゲームセンターとか彼女は好きなので、よく「行こうよ！」って言われて。

(賎)えっ！

ゲーセンにKEIKOさんいるんですか!?

Ⓚいますよ（笑）。たまに。

(賎)音楽ゲームとかやったりするんですか？ 何するんですか？

ⓀUFOキャッチャーが彼女が好きで。それをやりますね。いくらまでよ！って私は言いながら。もう終わらないから。

(賎)ちゃんと保護者（笑）！

Ⓚそうです、そうです！ 私の子供みたいな感じで言ってますね。

(賎)だってずっと面倒見たりとか、近いところにお姉さんも暮らしてるっていうふうに聞いてるので、会うことも多いわけですよね。

Ⓚはい。そうですね。

(賎)なんかそんな話も、1月からのレギュラーではいろいろお話をお届けしたいんですけど、せっかくだからKEIKOさんのコーナーも何かやりたいなって思ってるんですよ。

Ⓚですね～。

(賎)私たちOBS側でイメージしてるのは、例えばKEIKOさんに悩みを解決してもらったりとか。

Ⓚうん。

(賎)マークさんは恋愛って言ったんだけど、globe世代が恋愛って大丈夫かなって言ってたんで（笑）。

Ⓚ確かに！ もう結婚して、ね。あ、私、でもねサッカーも好きだったんですよ。すごい。今も好きですけど、当時の2002年とか。

(賎)日韓ワールドカップぐらい？

Ⓚその頃からめちゃくちゃハマってまして。チャンピオンズリーグでイタリアが好きで。

(賎)セリエAとか。

Ⓚはい。ユヴェントスFCが好きだったんです。

(賎)えっ、なんでですか？

Ⓚそれは、デル・ピエロから入ったからです。

(賎)デル・ピエロが好きだったんですね！

Ⓚそうなんです。もう、すっごい好みなんです（笑）。

(賎)（笑）。

Ⓚめちゃめちゃ顔が好きなんです。一度ね、デル・ピエロがこのあたりに血を出してたんですよ。

(賎)まぶたの下あたりに。

Ⓚそう、それで本当にピエロやん！って、そこから、もう恋に落ちました。

(賎)へえ～。では、そういうサッカーとかスポーツの話をしてもらうのも？

Ⓚそれもいいですね。ゼロ年代のときの選手だったら。

(賎)あと悩みを解決してもらうのも？

Ⓚいいですよ。はい。私なりに、ですけど。

(賎)どんなジャンルでもいいですか？ いろんな悩みが。だってたぶん、今これglobe世代の方、40～50代ぐらいですよね？

Ⓚそうですね。下は30代後半くらいでしょうね。

(賎)中間管理職の人がすごく多い気がします。

Ⓚそういう気がする～。

(賎)だからそういう仕事の悩みが多いのかなって、私は勝手にイメージしてて。

Ⓚでもみんな、そんなに悩みあります？

(賎)よくマークさんにも送ってくれてましたけど、globe世代の方、ものすごく文章を書いてくれるんですよ。

Ⓚそうなんや！

(賎)他の番組だと2～3行とかなんですけど、『JOY TO THE OITA』だけめちゃくちゃ長くて15行とか。

Ⓚ私でよければ、お答えしますよ。

(賎)（拍手）

Ⓚもう本当、たいしたこと……

私が相談したい（笑）。

(賎)そのお悩み気になるな～（笑）。もちろんそういうふうに、KEIKOさんなりの視点でお話しいただければな、と思いますので。

Ⓚそうですね。

(賎)はい。ぜひ！ 1月9日からまた生放送があって、1月ずっとレギュラー出演してもらいますので、いろんな展開を楽しみに待っていただければと思います。

Ⓚはい。よろしくお願いします～。

(賎)ということで本当はまた来週から本格的に出てもらいますが、ここまでKEIKOさんにちょっとだけ顔出してもらいました。

Ⓚはい。

(賎)では最後に、今週のひとことのコーナーです。KEIKOさん、ズバリ歌いやすいglobeの曲は何でしょう？

Ⓚ……ないです！

(賎)難しいんだ……。

Ⓚ難しいです、どれも。私も知りたいわぁ（笑）。

(賎)（笑）。

Ⓚお前がわからんかったらね
……

(賎)誰もわからない！

誰もが待ちわびた
この日が来た。
KEIKOレギュラー
出演、初日の放送。

2022年夏の突然の電話から、約半年。
KEIKOのレギュラー出演初日がやって来た。
この日から、番組名も『JOY TO THE OITA＋』にリニューアル。番組の新たな章が始動した。
とはいえ、KEIKOもマークも緊張を感じさせないリラックスしたトークを繰り広げる。

(銭)時刻は7時30分を回りました。皆さんこんばんは！『JOY TO THE OITA＋』の時間です。ここからのお相手は……

Ⓚglobeの KEIKOと！

㋮マーク・パンサーと！

(銭)OBSの銭川寛人でお届けしまーす。皆さんよろしくお願いします！

Ⓚお願いします！

㋮お願いしま〜す!!!

㋮もう、KEIKOがいますよ、隣に!!

Ⓚいますよ〜、いますよ〜！

一同：（拍手）

(銭)ゲスト出演、一発目！

Ⓚ一発目ですよ！　よろしくお願いします！

(銭)どうですか、緊張感はありました？　いつも通り？

Ⓚいや、ありますよ！　でも、この間よりは、ちょっと大丈夫。

(銭)11月末（2022年11月28日放送）のときに比べればってことですね。OBSの第1スタジオから生放送でお届けしているんですが……マークさん、今日、多くの方がこのサテライトスタジオの外に。

Ⓚわぁ、すごーい！

㋮大変！　もう緊張しちゃうよ、本当に。すごい、いっぱいいる！

Ⓚいっぱいいますねぇ。

㋮すごい、うれしいです〜。

(銭)そうですねぇ。

Ⓚねえ。

(銭)1月のテーマは「続けたいもの」っていうことで、皆さんからメッセージを募集します。

㋮もう、この番組続けたいです！

Ⓚ続けたいですね。続けましょう！

(銭)皆さんの中で、このことをちょっと頑張りたい、続けたいとか、何か大きな目標でも小さな目標でも、少し考えてみて、送ってもらえればなと思いますね。

㋮何かあります？　続けてること。

Ⓚマークは何かありますか？

㋮僕？　僕はねぇ、ちょっと今、温泉にハマってるんだよ。名人になれるらしいんですよ。88カ所の温泉に入るとスタンプ押してもらうと、名人に。

(銭)別府八湯温泉道名人会ですね。

㋮まだ2ページ目なんですよ。

(銭)だけど、2ページ目でも10何個ぐらい持ってますよね。

㋮あと8倍頑張らないといけないわけですね。

Ⓚどう頑張るの？

㋮行って入らないといけないの。

(銭)KEIKOさん、これ、1日にいくつも入ると湯当たりする感じがあるらしいんですよ。

Ⓚあぁ、そういうことか〜。それで頑張るんだ。

㋮今日は2個入った。まあまあ湯あたりする（笑）。まあ、それを続けたいなと思いますけどね。

(銭)ちなみにKEIKOさんは、続けたいことは？

Ⓚ私はゴルフ続けたいですね〜。

㋮KEIKO、ゴルフうまくてびっくりしたんですよ。

Ⓚいやいや、本当？

㋮ちゃんと前に進んでるんですよ。みんな右に左に行ってるのに、KEIKOはまっすぐ行く。

(銭)そう、まっすぐ行く！きれいに行く！　練習とかも行かれますか？

Ⓚはい。今日も行きました。

㋮こりゃ、続くな。なんか目が光ってる。もうキラキラしてるもん。

Ⓚ楽しいですもん。

(銭)今日、この放送を楽しみにしていた方、たくさんいるんでしょうね！　スタジオにもいろんなものが届いてました。ありがとうございます。

Ⓚわ〜、本当だ！　ありがとうございます！

㋮届いてますね〜。お花もケーキも、タイガースのぬいぐるみも届いてました。

(銭)電報ですね！　メッセージ、『WHITEOUT』、新曲も涙が出るほど最高でした。今までも、これからも、僕たちの歌姫はKEIKOちゃんだと改めて思いました」。

Ⓚあぁ、うれしい！　ありがとうございます〜！

(銭)「あんまりラジオの観覧に行くことはできないが、いつも応援していますし、KEIKOちゃんの歌声に元気をもらっています」

Ⓚありがとうございます。

(銭)「趣味のゴルフもロストボールに気をつけて良いスコア出しちゃってください」

Ⓚはい（笑）。ありがとうございます！

(銭)「globe@4_domes 10000 DAYSリマスターメモリアル ビューイング」が映画館でありましたね。

㋮行きました？

(銭)はい、行きました。

㋮行きました？

Ⓚなに、それ（笑）。行きました。

㋮僕も行ったんです。ちょっと、隠れて。

(銭)ツイッターにあげてましたね。

㋮みんなが考えてたところじゃないところに。スタッフもびっくりしちゃったよ。そこ!?　みたいな。

(銭)奥様と行かれてましたよね？

Ⓚそうそう、そうだ。

㋮そしたら、最近、チケットの買い方が難しいっすね！

Ⓚ難しいよね。わからない。

㋮買い方が全然わかんなくて、出だしをミスりました。最初見れなかった（笑）。

Ⓚそうなんだ！　出だし見てよ〜。

㋮途中から入っちゃったから、ちょっと目立っちゃって（笑）。

Ⓚ余計に。

(銭)KEIKOさんも、大分の会場でご覧になってましたよね。

Ⓚはい！ 行きましたよ～。あっ、そうだ、しずちゃんも行ったんだ。

(銭)そうです、私、最後列の方で見てました。

Ⓚそうかそうか。

㋮どこらへん座ってたの？

Ⓚ一番前！

㋮一番前？ 一番目立つじゃない。

(銭)私の中ですごく感動したのが、globeファンの方がたくさんいて、上映に合わせて例えば自作のうちわを持っていて。

Ⓚそうそうそう、持ってましたね～。

(銭)それを振りながら、っていうのもありました。

㋮そういう人いました？ 僕が行ったところは恥ずかしがった感じで、拍手も小さくパチパチパチパチぐらいだったな。ぜひスタンディングオベーションなるぐらい盛り上がってほしいなって（笑）。なんか始まる前に説明とかしたいぐらいですよね。普通の映画じゃないから盛り上がっていいんだよ！ って。

Ⓚいいよ～ってね。

㋮そこスクリーンだけど「KEIKOちゃーん！」って言ってもいいんだよって。

Ⓚ1人言えば、みんな言うのかもしれないけど。

(銭)確かに！ 大分会場は拍手とかありますよね

Ⓚありましたね！ うれしかったぁ。

(銭)で、終わった後にKEIKOさんがチラリと後ろ側を見たんです。

㋮僕は、ささっと逃げちゃう（笑）。

Ⓚ最初はその予定だったんですけど……あまりにも、もうみんなわかってるな、みたいなね。

(銭)だからglobeファンの方々が「KEIKOちゃーん！」みたいなことを言いながら、KEIKOさんが映画館を後にされた、っていう。そんな大分の映画館のシーンもあったんです。

㋮へぇ～、素敵。

Ⓚ素敵。

㋮でもいい映画でしたね。ぜひ、もう1回どっかでやりたいなって。特別に別府のちょっとローカルな映画館とかでやったらおもしろいんじゃないかな。

Ⓚいいですよね。

(銭)あと『10000 DAYS』も発売になって。盛りだくさんですよね！

番組スタッフ：車に積んで、通勤の途中とか聴いてますけど、毎日が幸せです。

Ⓚ一番に、なにから開けました？

番組スタッフ：Blu-rayの今まで見たことのないやつ、台北の。あれを聴きました。

(銭)『10000 DAYS』に合わせたメッセージもいただいてるんですよ。「『10000 DAYS』発売当日の12月24日、プロポーズを受け、婚約しました」。おめでとうございます！

㋮へぇ、すごいね！

Ⓚへぇ～！

(銭)「そんな私たちはマークさんご夫妻と一緒で喧嘩をしたことがないので、今年はいろいろ決断だったり、話し合ったりが増えても仲良く過ごすことを続けたい」。これが続けたいことだそうですよ。

㋮おめでとう‼（拍手） なんかいいねぇ。ハッピーな話いいね。

(銭)そうですね～。

㋮『10000 DAYS』には新曲が入っておりました。

Ⓚはい。

㋮どうでしたか？

番組スタッフ：うれしかったです。

Ⓚうれしかったですね～。

㋮いい曲なんだよね～。もう……いい曲なのよ～。何回も聞いちゃうのよ～。本当に。あのテンポってglobeで少なくない？

Ⓚうん。少ない、少ないですね。

㋮あのテンポのglobeの曲って僕、好きなの。『Is this love』も好きだし。

Ⓚそうだね。

㋮この間、京都の駅降りたら、『10000 DAYS』をぱっと出されて、サインしましたよ。持ち歩いてる人いるんですね。

Ⓚ重いのに、いつも持ってくれてるんだ。大変！

＊

(銭)今週の一言。KEIKOさん、難しいglobeの曲は何でしょうか？

Ⓚそうですね。これはもう、「全部」です。

(銭)全部。

Ⓚはい。

(銭)やっぱりそうなんですね。高音ですもんね。

Ⓚそうなんですよ。強弱もあるし、すんごい難しいんですよ。『DEPARTURES』歌ってください、って言われたら、困る～！（笑）

(銭)（笑）。

＊

(銭)メモリアルビューイングでは『globe MUSIC DELIVERY』もありましたよね？

番組スタッフ：『globe@4_

domes』のときのコンサートで、会場の中のおひとりの方にその場で焼いたCDをプレゼントするという素晴らしい演出ですね。

Ⓚそうそう！

Ⓜピザ屋のスタッフの格好をしてビデオ撮ったもんね。ロスでね。

Ⓚ撮ったね。LAで。

㊔なんか宅配ピザのコマーシャル風の？

Ⓚそうそうそう。

Ⓜあれを本当にコンサートで、自転車で出ていって誰かに渡したのよ。この世に誰かが1人もらってるわけよ。

Ⓚね！　でも今まで聞いたことないね、持ってますって。

Ⓜもし、それをもらったっていう人がいたら！　私ももらいましたって。

Ⓚぜひぜひ！

㊔グローバーのファンの方々の中でもコミュニティとか繋がりがあるから、「持ってる人知ってます」とかいう人がいたら教えてほしいですね。

Ⓚ聞きたい！

Ⓜヤフオクでも出てないし（笑）。

Ⓚヤフオクとかメルカリとか（笑）。

Ⓜあれは誰か大事に持ってるわけですよ。ぜひ私が持ってますって。

Ⓚね。聞きたい！

Ⓜ20数年間、その話ないね。

㊔映像で見たとき、みんな奪い合うようにして手を伸ばしてもらってたじゃないですか。

Ⓜ……ね？

Ⓚちょっと覚えてない（笑）。

㊔観ましたよね？　この間のメモリアルビューイング。

Ⓜうーん、観た、観た……。

Ⓚ顔が（笑）。どうだっけ？みたいな顔して（笑）。

Ⓜちょっと目をつむってたかもなぁ（笑）。まばたきしてたかもな。

㊔けっこう長い時間、目をつむってましたね（笑）。

＊

㊔メッセージです。「私は去年、会社で管理職の試験に合格しました。今年から新しい部署、人間関係、仕事が難しいなと不安ですが、マークさんがよくおっしゃるように、ポジティブに前向きな気持ちを持って今年1年仕事を続けていきたいと思っています」

㊔環境が変わるとやっぱりきついですよね。特に仕事関係もそうですし、人間関係とかでもちょっと緊張しちゃって、いつものようにできなかったということもありますもんね。

Ⓜネガティブなときに頑張っちゃうと、引きずるような気がするんだよね。ネガティブになったときはもう、休むか逃げるかしちゃって、いったんもう、なし！

Ⓚネガティブなときはね。

Ⓜもう忘れちゃって、ゼロからでもいいからポジティブにいった方が、さっきのネガティブのときよりも、もっといいところに行くような気はするけどね。

㊔KEIKOさんは、ちょっと気持ちが落ちてしまってネガティブになるときとかあるんですか？

Ⓚそうですね、ありましたね。きっとね。でも、あんまり覚えてない（笑）。あんまりない。

㊔嫌な記憶はずっと残すよりも、どんどん捨てていった方がいいですよね。

Ⓚうん。そうですよね。

㊔楽しい記憶だけ残していくみたいな。

Ⓜそう。今日、一番良かったことをね。今日一なことを、こう……（笑）。

Ⓚ酒井今日一（笑）。

㊔自分のアカウントの宣伝に繋げるんですね（笑）。

Ⓚちょっとこれ、使わないでいただけます〜？（笑）

一同：（笑）。

＊

㊔エンディングです。メッセージを紹介します。「今美容師をしている。かれこれ15年ちょっと仕事をやってるんだけど、毎日毎日同じことの繰り返し、嫌になっちゃう部分があるんです」って。「KEIKOちゃんに相談。大好きなことを変わらずずっと続けてこれたのはどういうことが活力なのか？」

Ⓚどうでしょうねぇ……。

㊔好きなだけではやっていけないときもあるかと思うんですけど、KEIKOさんは嫌だなと思ったとき、どう乗り越えましたか。

Ⓚえっとね……「負けるもんか」ですよね。

Ⓜ負けるもんか！

Ⓚ負けるもんか！　っていう気持ちだったような気がします。

㊔こんなことで折れないぞ。

Ⓚあぁ、負けないよ！　うーん、負けない！　頑張るよ！　って。

㊔ずいぶん勝ち気だねぇ（笑）。

Ⓜかっこいい。

㊔しんどいときって、みんなありますもんね。

Ⓚあります、あります。誰しもありますよね。

㊔肉体的にも精神的にも、なんか追い詰められてとか。

Ⓚだから「負けるもんか」も自分に対して、でしょうね。

Ⓜ全然、僕、逃げちゃうよ（笑）。

㊔（笑）。

Ⓚいや、逃げたいときも、逃げるときもありますよ（笑）。

㊔だからこの方にも、美容師の仕事を15年やってますけど、嫌だなって思ったときには……

Ⓚ負けるもんか。いろんなことに負けるもんか。

㊔勝ち気で。

Ⓚそうですね。

㊔ポジティブに戦ってもらえればと思います。

Ⓚええ。

㊔今日はマークさんにとって、いつもとはまた違う形での生放送ですね。

Ⓜね！　やっぱ4人でやると早い、早い！

Ⓚ早いよね！

Ⓜもう時間が過ぎるのが、楽しい、楽しい。本当に夢が叶って4人でこうやってできて。さっきなんてさ、曲が流れたときみんな気づいてないと思うけど、ここで歌ってたんだよ！　生歌だったんだから！

Ⓚ歌ってましたよ〜（笑）。

㊔マジで！　聞いてなかった！

2023.
01.16
ON AIR

『I'm still alone』は実は1stアルバムの「ある曲」の世界を踏襲していた。

楽曲のエピソードを語るコーナーとして
新たに始まった「discover globe」。
記念すべき第1回目に選ばれたのは
1998年3月31日発売の3rdアルバム
『Love again』に収録された『I'm still alone』。
2人は、ライブでのエピソードとともに振り返る。

賎今日お届けする曲は、こちらの曲です。『I'm still alone』。1998年3月31日発売の『Love again』に収録された楽曲です。まず、この曲についていかがですか?

Ⓚこれは……いいバラードですよね。

㋮切ないね。

Ⓚこれ、ラップがないんですよね。

㋮多分ね、1枚目のアルバム『globe』の中に『Precious Memories』っていうのがあって。

Ⓚあぁ、そうそうそう!

㋮その『Precious Memories』を2ndアルバムバージョンにして作ろうっていうことになって。『Precious Memories』にもこの曲にもラップがない。

Ⓚない。

㋮コンサートでいうと、僕が休める曲です(笑)。

Ⓚマーク休憩の曲(笑)。

賎逆に言うと、KEIKOさんはフル稼働な曲ですよね。

Ⓚそうです、そうです。

㋮この歌詞の「公園三人で ゆるいカーブ」ってところ大好きで!

Ⓚそうそうそう、この詞がいいね……!

㋮「公園三人で ゆるいカーブ手をつないで」みたいな。

Ⓚこれ、キーがたっかいの!

㋮高いね~。

賎高いとキツいんですね。

Ⓚキツいんですけど、歌ってて、高くてこのくらいのスローだと、気持ちがどんどん入っていくんですよ。不思議ですけどね。転調もすると、おぉ~……ってなりますよ。自分も。

賎上がる感じがあるんですね。

Ⓚうん。なりますね。

㋮寂しい曲なんですよ。

Ⓚこれ、マークが作詞だよね?

㋮書いたんだよね。悲しかったんだね~、多分。

賎テーマで言うと「9割方終わってる恋」。1人でいる時間が長く、なかなかLove againの世界にならない状況を描いている、なんていうふうにも言われていて。

Ⓚそうですよね。I'm still aloneですからね。

賎マークさんが2日間寝ないで歌詞を作って、KEIKOさんが3日間ボーカル録りに時間をかけたっていう情報も入ってます。

Ⓚはい。かかったんだろうね、多分それぐらい。

㋮2日もかかったんだ、僕。

Ⓚ私、3日もかかったんだ。

賎(笑)。

㋮へぇ~。

Ⓚっていう感じですよね。

㋮やっぱ、みんなのほうが僕より知ってんな。

Ⓚね。つくづくそう思いました。

㋮「寂しすぎて人前なのに大声で泣き出しそう」から始まるなんてさ、いい歌だなぁ。

Ⓚいい詞だな、って?(笑)

㋮いい詞だなぁ~。

賎(笑)。これ、グローバーの方からしたら、この曲ってどういう感じなんですか?

番組スタッフ:私が見に行ったライブでは、この一番最後の歌詞、「さっきまで~」のあたりからKEIKOさんはもう泣き始めるんですよ。で、「そんな嘘……(泣)」「KEIKO~!!」って。

Ⓚ!(笑)

㋮わかる! あるある!

番組スタッフ:行ったライブ、全部それ!

Ⓚそうですね! ずっと私、最後まで泣くの我慢してるんですよ。泣くと高音とか絶対に歌えないんで。ライブで泣いて歌えないというのがすごい嫌で。せっかく来てくださってるのにっていうのがすごいあって。でも最後は、もう無理!っていう(笑)。

番組スタッフ:「がんばれー!KEIKOー!」

Ⓚありがとうございます(笑)。

賎最後の最後にその感情がこぼれちゃうんですね。

Ⓚこぼれます。緊張が自分のなかでゆるくなるんでしょうね。最後まで歌って、よし、歌い切った! もう、いいわ、みたいな。

賎マークさんはライブのとき、それをどういうふうに見てたんですか?

Ⓚマークはこの曲のとき休んでるからね~。

一同:(笑)。

㋮違う違う!(笑) カーテンのとこで僕も泣いてんだよ~、それを観ながら!

賎本当に!?

㋮あぁ、KEIKO~(泣)って!

Ⓚ(笑)。

㋮僕1回、グロジェネ(『globe-GENERATION~ともしびは消さない~』)で47都道府県をまわるときに、ライブハウスでこの曲のリハーサルの映像があって、聴きながら昔に浸ってましたね。

Ⓚあったね。よくリハのときに聞いてくれてたね。

㋮いや~、いい曲ですよ。

賎それこそ、感情を抑えながら歌ってる部分があるわけですね。

Ⓚこれ、三拍子なんだね。だから、なんかすごい切なくって。どんどんどん、うぅ~ってなってましたね。自分でも。

賎へぇ~。

㋮「さっきまで一緒だった そんな嘘残ってる」。いいですね~。

Ⓚ自分で(笑)。

㋮『discover globe』、これ、いいコーナーだね!

KEIKO命名の新コーナー「切なさライセンス」で、お悩み相談!

リスナーからの悩みに2人が答える新コーナー「切なさライセンス」。第1回目はOBS賎川アナウンサー、番組スタッフらの悩みにゆるりと回答。マークのモデル時代の「遅刻魔」エピソードも飛び出した。

Ⓚ切なさライセンス（エコー）。

（賎）来ました。新コーナーです！ 今回一発目の放送で、皆さんに告知してないから私たちOBSの近いところで答えてもらおうと。

㋮まずはしずちゃんのお悩みから聞いてみたいな。

（賎）私の悩みは「朝起きられない」ですね。

Ⓚあ～そうなんですね！

（賎）本当に私、朝弱いんですよ。

Ⓚかわいい。

（賎）10時間とか11時間、平気で寝ちゃうんですよね。

㋮子どもか！ っていう。

Ⓚほんとほんと。そんなに眠くなるんですね。

（賎）めっちゃ寝ちゃうんですよ。

㋮低血圧？

（賎）かな～？ と思って調べたんですけど少し低めぐらいでした。マークさん、めちゃくちゃ寝起きいいですよね！

㋮うん。すごい最近思う。

（賎）だって今日この収録のとき、何時起きでしたっけ？

㋮2時半。

Ⓚ2時半って、まだ夜中だよ。

㋮夜10時に寝て2時半に起きて、犬散歩して、用意して羽田まで車で行って、そこから始発で来ました。

Ⓚでも、寝起き良くなったのは最近だよね？ globeやってたときはよく寝てたもん。

㋮globeやってたときは、もう全然起きれなかった。

Ⓚ2人ともですよね（笑）。

㋮僕はもうずっと小さい頃からモデルやってて、初代のメンズノンノモデルなんです。当時の、どのスタッフに聞いてもいいけど、2時間以上は必ず遅刻してくる遅刻魔だったんですよ。起きれないの。

（賎）2時間以上！

㋮今じゃ考えられないですね。その当時の僕の先輩は阿部寛さん、風間トオルさん。

Ⓚ&（賎）うわ～！

㋮ロケバスで2時間待たせて。

（賎）鉄のハートしてますね！

㋮家まで迎えに来たときもあります。ピンポン、ピンポン。なかなか起きれなかったんだけど、もう今は起きれますね。なんだろう、何かが変わったんですよね。

Ⓚ年を重ねたってことじゃないですかねぇ。

㋮年をぜひ重ねてください。

（賎）！（笑） しっかり年齢を重ねていきます！ そしたらちゃんと起きられるようになる。番組スタッフさんの悩みはどうですか？

番組スタッフ：私、マークさんKEIKOさんよりも、何歳か年下なんです。ここから友達作るにはどうしたらいいですか？

（賎）（笑）。

Ⓚあ～なるほどね。

㋮なんか、みんな切ないね！

Ⓚ切なさライセンスだからね。

番組スタッフ：子どもも大きくなって相手してくれないし。同年代の人たちも何してるかわからない。みんなそれぞれ忙しいかもしれない。

Ⓚでも、だんだんそうなりませんか？

番組スタッフ：そうでしょ？ でね、正月休みも誰も遊んでくれる人がいなくて、1人でゴルフの練習して、ピアノの練習してYouTube編集して終わり。

㋮友達欲しいの？

番組スタッフ：友達いた方が楽しいじゃないですか。ここから同級生とか、かつての仕事仲間とかに電話しても何かおかしな人に思われるかもしれないなっていう心配があるじゃないですか。

Ⓚあぁ、そういうのあるな～。

番組スタッフ：だからどっかに行って、新たな友達と出会おうかと思うんですけど、ここから自分と似た感性の人たちと、どうやって出会ったらいいんですか？

Ⓚだんだん少なくなってきますよね。でも私、そういう意味でゴルフを始めてだいぶ広がりましたけどね。

㋮だから、何かひとつ特別なことをすれば、友達の輪は。

Ⓚ共通のね。

㋮僕はもう、友達、まぁあ面倒くさくて（笑）。だんだん1人が好きになって。

（賎）根本から崩れる（笑）。

㋮だから僕、友達になりますよ。

番組スタッフ：本当ですか？

㋮呼んでくれれば、僕行きますよ。

Ⓚ私も友達になりますよ。

番組スタッフ：本当ですか？ ありがとうございます！

㋮あと、同じような友達のいない人を探すっていうのがいいんじゃないですかね。

番組スタッフ：年に1回遊んでくれればもうそれでいい。

㋮正月？

番組スタッフ：正月。

（賎）ピンポイントですね～。でもマークさんも書いてくださってましたもんね。「JOY TO THE OITAファミリー」って。そういう意味では、私たちには共通項がある。だから何かそういう共通項があった方がうまくいくかもっていう感じでいいですか？

㋮ちょっとね、大分に住もうかなって最近思い始めたから、もっとみんなに会える可能性が出てきましたね。

Ⓚいっしょに住む？

㋮いっしょに住む？ いいねぇ。どこらへんに住もうか？ 佐伯市とかに住んじゃう？

（賎）駆け出しのアーティストみたい（笑）。

Ⓚいっしょに住む？ って（笑）。

『I'm bad』はアルバム収録とともにライブ映像を、ぜひ観てほしい。

この日の「discover globe」は
3rdアルバムの収録曲『I'm bad』。
コアなglobeファンである番組スタッフが
ライブでの『I'm bad』の魅力を熱弁。
それをきっかけに、2人は
楽曲にまつわる当時の思い出を語りだす。

(賎)今回お2人にいろいろと深掘りしてもらう楽曲は『I'm bad』です。

Ⓚおぉ〜、うれしい。なかなか聴けないですよ。

㋮『I'm bad』なかなか聴けないですね! この曲はいつ録ったか、いまいち記憶に残ってないんです。

Ⓚ(笑)。

番組スタッフ:そうなんですか。

㋮これは日本で録ったのかな? LAだったかな?

ⓀLAだったと思う。

㋮LAだったな。絶対な。

Ⓚなんのライブのときにやったっけ?

番組スタッフ:Love againツアー(globe tour 1998 "Love again")のときだと……

ⓀRelationツアー(globe tour 1999 Relation)でもやったよね?

番組スタッフ:Love againツアーのときはバンドなんですよ。で、Relationツアーのときはマークさんが VRゴーグルみたいなのをつけて椅子に座ったまま、ずっと歌ったんですよ。

Ⓚそうそう、めっちゃ休憩だったの、私(笑)。

㋮ヘルメットみたいなのをかぶって前が見えないから、座ってたんだと思うんだよね。危なくて歩けないから。

(賎)この曲は、1998年3月31日発売のアルバム『Love again』に収録されたものです。

番組スタッフ:僕としてはこの曲はアルバムでもいいんですけど、『Love again』のライブバージョンがとってもいいんです。今日、音は出せないんですけど、ちょっと映像を持ってきました。

㋮おぉ〜、『Love again』のときの髪形だ!

Ⓚあ〜! 懐かしい!

㋮KEIKO、かわいい…!

かわカッコいい!

Ⓚ(笑)。

番組スタッフ:原曲はいわゆるシンセロックみたいな感じなんですけど、ライブ版はギターとドラムが大活躍のバージョンです。

㋮ライブ映像を観て、めちゃめちゃ思い出してくる。これスタジアムツアーだよね。これファッションもめちゃめちゃかっこいいんだよ。

Ⓚね〜、そうそうそう。

番組スタッフ:マークさんもかっこいいんですけど、同じぐらいかっこいいのがサポートメンバー、ドラムの「べーあん」こと阿部薫さんと、ギターの松尾和博さんと木村建さん。このお3人がかっこよくてですね。

Ⓚね!

番組スタッフ:まずギターの松尾さんと木村さん。「ワウ」っていうエフェクターを使ってるんですけど、これがアルバムバージョンではあんまり目立たないんです。

㋮でも、ライブではワウワウとしちゃうわけだ! やべ〜、もう一回観たい!

Ⓚ観たいですね!

番組スタッフ:そしてドラムの阿部薫さん。ライブの中で、こんなにスネアがでかい曲があるかっていう。これが超かっこいいんですよ。

㋮いや〜すごいね。

番組スタッフ:『10000 DAYS』の中にも、Love againツアーの『I'm bad』が入ってます。Blu-ray01の17曲目。ぜひ聴いてみてください。

㋮じゃあ今日、この番組終わったらもう、すぐにそのBlu-ray01を入れて17曲目を聴いていただいて。

Ⓚ(笑)。

㋮今日、話したことは全部そこに出てるので。このスネアだ! これがワウだ!って。

番組スタッフ:で、『I'm bad』を最後まで聞いた後に、これもglobeライブあるあるなんですけど、阿部薫さんの「ワン、ツー、スリー、フォー」の後すぐに『UNDER Your Sky』の冒頭、「あんな〜」って始まるのが、またglobeファンとしては心が躍るんですね。

㋮いいね〜! 今ラジオの前で、きっとみんな「うんうん」って。

番組スタッフ:「それそれ!」って。「これか!」ってなると思います。

㋮頭に浮かんでくる。ちょうどライブで、スタジアムで夕方終わって夜になりかけるぐらいのときに『I'm bad』が流れてくるんだよね。

Ⓚ『UNDER Your Sky』もそんな感じですね。

㋮そうだよね。気持ちよかったな〜。

Ⓚ気持ちよかったですね〜。

㋮そう。あの歌詞も大変だったな〜。

Ⓚ詞、いっぱい書いてたね(笑)。

㋮そう、あのレコーディングは詞書く地獄だったよね(笑)。やっと歌い終わったと思ったら次の詞が来て「もういいや、これで」みたいな(笑)。

Ⓚいや、だめでしょ(笑)。

㋮「もういいや、これで」っていうのを出したら、なんかそれが採用されちゃったのが『I'm bad』だったような。でも、そのその自然さがいいんじゃないのかな。

Ⓚね。『I'm bad』は私の休憩でした(笑)。マークの曲だしね。

㋮「Yesterday ストロボの中〜♪」から始まっちゃうんだぜ。

Ⓚいいですよ〜「Yesterday ストロボの中〜♪」。

㋮すばらしい。

後輩の指導に悩むリスナーへスタジオから出た解決策は？

「切なさライセンス」に届いた
27歳男性からの悩みは、
注意するとすぐに泣いてしまう後輩の指導について。
OBSの社員である賎川アナウンサーと
番組スタッフの実体験をもとに
globeの2人が、解決策を導き出した。

（賎）27歳男性からの相談です。「うちの会社に去年入った新人の女の子の扱いに困っています。入社した頃の展示会ではテキパキ動き、周りの評判もすこぶる良かったんですが、時が経つにつれ、言われたことをやらない。取引先を電話やメールで怒らせる。期日までに仕上げなければならない作業も毎回のように遅れる。『今日やることないんで早退してもいいですか』と帰ったりして、先輩や上司が尻拭いをすることも。お小言程度に叱るとすぐに泣いちゃうから、脳裏にパワハラの4文字が浮かび、あまり強く言えません。どうしたらよいでしょうか？」

Ⓚ厄介ですね、これ。

（賎）難しいですね。これは本当に現代社会の闇ですよ。どこでも多分、今起きやすい問題だと思います。

Ⓚ本当だ。

㋮泣かれたら、こっちも泣く。

Ⓚなかなか現実味がないな〜（笑）。

（賎）（笑）。

㋮自分のやってることが鏡のように映ると、やらなくなるんじゃないのかな、とふと思うんだけどね。

Ⓚあぁ、そういうことね。

㋮だいたいね、今の時代ね、そういうふうに自分がやってることをわかってない奴が多いっ!! 相手の気持ちをわかってない人が多い！ だから逆に同じようなことをすると気づくんじゃないのかなって、ふと思う。

（賎）指導の仕方とか怒り方とかも結構難しいですよね。お2人も例えば、意見をそろえたりするときに、ちょっと強めに言わなきゃいけない場面があったりとかするじゃないですか。そういうときの言い方ってすごく気にされる場面があると思うんですよね。

Ⓚありますね。そうだな〜。やっぱ、言い方でしょうね。

㋮しずちゃんは先輩にどう言われてたの？ だって、僕たちはもう組織にあんまりいないじゃない。僕、globeで変なこと言って、**もうKEIKOにすごい怒られてたから。**

（賎）（笑）。

Ⓚ**怒ってたね（笑）。**「も〜！」って。

（賎）僕は、後輩とか先輩に言うときって、あんまり強くは言わないって決めてて。例えば後輩に強く言いすぎたりすると萎縮しちゃうことがあるので。そうしたら相談されなくなって、何か大きな問題に発展しちゃうことがあるかなって。

Ⓚうんうん。

㋮じゃあ、100言いたかったら、30ぐらいに抑えて言う？

（賎）そうですね。12ぐらいに。

Ⓚもっと抑える（笑）。

㋮答えは、12です！

番組スタッフ：100分の12。

（賎）番組スタッフもOBSの人間ですから。

番組スタッフ：僕の場合は、昔と違って今は後輩の子を尊重して、まず「あなたのいいところはこういうとこですよ。で、あなたの将来を考えたら、もうちょっとここで踏ん張らなきゃいけませんよ」と。そうやって相手に納得してもらいながら一つひとつ進めていきます。

㋮あ〜。

番組スタッフ：先週の「discover globe」で『I'm bad』を紹介したじゃないですか。昔、後輩にガツンと言って、これは泣くかもって思ったら、頭の中で「タタタターン」って……

㋮『I'm bad』が流れるんだ（笑）。

番組スタッフ：イントロが流れるんですよ。

（賎）なにそれ！（笑）

番組スタッフ：それで、後輩が泣き始めたら「ジャカジャーン」って、歌が始まるときの音が鳴って「あぁ〜やっぱり『I'm bad』になってしまった〜」って。

Ⓚそういうオチね（笑）。

番組スタッフ：それが僕のパターンでした。

㋮あぁ、僕『I'm bad』歌ってよかった〜。

（賎）（笑）。

番組スタッフ：『I'm bad』聴いてください。

㋮そうだね。

（賎）お2人は、そういうふうに何か怒られて泣かされたりとか、もしくは泣かせたりってのはあるんですか？

Ⓚない、私。どっちもない。

（賎）お2人は本当にもう独立して、アーティストだから、なかなか組織の中でってのはないんですね。

Ⓚそうですね。その前も働いてたけど、そのときも泣かされたりとかは……叱られたことはありましたけどね。きっと。

㋮僕、一番モテてたときは「もう好きじゃないんだよね」って言うと、泣いちゃったりしてたけどね。

（賎）なんていうモテ男エピソード！ なんていう言い方を！

Ⓚ腹立つねぇ（笑）。そっちのエピソードに持ってかれちゃった。

（賎）ということで、相談者さん、よろしいでしょうか。

Ⓚいいのかな〜？

㋮12です。100のうちの12。

Ⓚそうだ。100のうちの12を言う。

Discover globe
切なさライセンス
Special talk

KEIKOが明かす。『outernet』のタイトルに込められた意味。

6thアルバム『outernet』のタイトル曲である『outernet』をテーマに2人が語った。マークにとっては『Is this love』に次ぐ大好きな楽曲のひとつ。ラップの作詞にまつわるエピソードもここで初めて明かされた。

(賎)今回は『outernet』をご紹介していきます。2001年3月発売のアルバム『outernet』に収録されている曲です。

番組スタッフ：6枚目のアルバム『outernet』のタイトル曲ですね。シングルでは同じ日に発売された『garden』のカップリング曲としてインストバージョンが収録されてます。作詞はKEIKOさんとマークさん。作曲はもちろんTKです。

Ⓚはい。

番組スタッフ：ギターはおなじみの松尾和博さんで、ミックスはエディー・デレナ。

㋮エディーだったんだね。僕、エディーのミックス好きなんですよね。

番組スタッフ：globeはこの頃、いわゆるトランス期に。

㋮入りましたね。

Ⓚ入りました。

番組スタッフ：今までのポップスの様式美のようなAメロ、Bメロ、サビの王道パターンじゃなくて、Aメロ行って、Bメロ行って、次Bメロに行ったかと思ったらよく聴いたら、実はAメロのプラスアルファぐらいのちょっとした変化だったりとか、メロディーの変化が少なくて、ドラムがドンドンドンドン、シーケンスがぺぺぺぺぺってなっているような……

㋮それがトランスですよね。

Ⓚそう。

(賎)へぇ～、そうなんですね。

㋮僕たちステージから観客を見ると、それまではみんな同じ動きをして一体だったのが、この頃くらいからうねるような観客に変わったんですね。

(賎)へぇ～。

㋮僕たちが踊ると、みんなもうねるように踊ってたんですよ。

Ⓚ確かにそうね。

㋮それが面白かったんですね～。

Ⓚ『outernet』って私、タイトルがすごいなと思った。

㋮うんうん。

Ⓚインターネットから。

(賎)あぁ～。

番組スタッフ：そういうことだったんですね！

Ⓚそうだったんですよ。

(賎)インターじゃなくて。

Ⓚアウター。

(賎)なるほど！

Ⓚですよね。私もそうなりました。

番組スタッフ：その視点はなかったです。

Ⓚですよね。私も今でも驚きますよ。そうなんだ～って。

番組スタッフ：globeファンの私としては、2023年に聴くならば、もう皆さん大人ですから、クラブで聞くような大音量じゃなく、BGMレベルで。BGMとして聴くトランスみたいな感じで聴いてほしいですね。

(賎)KEIKOさん、マークさん、どうですか？

㋮僕はね『outernet』は『Is this love』の次に好きな曲なんです。もうglobeの中でも2番目に好きな曲で。

もう本当に好きで、しょっちゅう聴いてたぐらいで。

Ⓚへぇ～。

㋮「グロジェネ」やってたときも、どうしても『outernet』が入れたくなって、後半、入れたりとかしてたんですけれども。もうすごい好きな曲です。

Ⓚなるほど。

㋮この曲はラップがあるんですけども、ラップを書いて、それまで書いてもダメ出しはなかったんですよ。いつも自由に。で、この曲はもうすごい自信があって、もうこれ決まりだなって。もう今までで、この世で一番最高のラップを作った！ と思って出したら「これダメだね」って言われて。

一同：(笑)。

㋮え～!? みたいな。一番いいじゃん！ とか思って。だから、調子に乗っちゃダメだ、っていう。

(賎)(笑)。

㋮やっぱりいつもドキドキしなきゃいけないわけですよ。調子に乗りすぎちゃうとダメで。で、そのラップはどこに行っちゃったのか。

Ⓚはい、はい（笑）。

㋮これは245（マークがMCを務める3人組バンド）の『cosmic dream』で使わせていただきました。

(賎)へぇ～！

㋮あのラップが実は『outernet』で使われてて。

Ⓚお～、なるほど！

㋮これを抜き取って、こっちを消して、これを入れてみたら、ああ、これがやりたかったんだっていうのがわかる。

(賎)へ～！ KEIKOさんは、この歌についてはどうですか？

Ⓚそうですね、トランスを歌うっていうことでは、すごい違いがありましたよ。指示される内容も、なんか力強くじゃなくて「ちょっと薄く」って言われたの。「薄くですか!?」「なんか、イメージなんだけど」って言われたような気がしますね。

㋮臼杵（うすき）？

Ⓚ違う、違う（笑）。

番組スタッフ：『臼杵』歌うじゃない（笑）。

(賎)マークさん、そこ繋げるんですか（笑）。

Ⓚめっちゃ繋げますよね（笑）。

先輩パパであるマークは新米パパの悩みにどう答えたか!?

「切なさライセンス」の回答といえば、
KEIKOが実用的な解決策を提案し、
マークは独自路線で突っ走る、という状況が
いつものパターン。
しかし今回に限っては、2つのお悩みともに
マークが光る解決策を繰り出した。

賎メッセージ来てます。「先日、待望の第1子が生まれたばかりです。目の中に入れても痛くないとはこのことかと思いつつ、ふと我に返ると、自分の時間が少なくなったことに気がつきました。本を読んだり、映画を観たり、ゲームしたり、自由に楽しむ時間が取れなくなり、少しストレスがたまっている気がします。これは私がわがままなだけでしょうか?」

㋮今までの人生は、彼がドラマの主役だった。でも子が生まれた瞬間に、彼は準主役になるんですよ。

Ⓚフゥー!(笑)

㋮このドラマの主役は子なんです。でもこのドラマを盛り上げるには、準主役がいなかったら無理なんです。

Ⓚそうですね。

㋮だから、子が読むであろう、絵本を読めばいいじゃないですか。

賎あぁ〜。

Ⓚそうだね。

㋮この子がやるようなゲームを真剣に楽しめばいいじゃないですか。そう僕は思うんです。

賎マークさんはいろんな趣味があるじゃないですか。お子さんが本当に小さいときは、もうつきっきりだったかと思うんですよ。どうバランスを取ったんですか?

㋮いやもう、本棚、絵本だらけですね。僕は、フランス語、日本語、英語が全部しゃべれるから、ハリー・ポッターも3カ国語で全部読み聞かせしましたね。

賎へぇ〜。

㋮それまで僕、あんまり本を読んでなかったけど、子が生まれてすごい読むようになって。結構このおかげで勉強になって、いろんな知識が増えましたね。子の放課後の部活も全部一緒にやりました。チェスもいっしょにやりました。ヨットに行ったら僕は隣のスクールでウインドサーフィンをやったりとか、全部一緒にこういうふうに楽しむことによって、自分の趣味がどんどん増えていく。前向きにいこうよ〜。

Ⓚ珍しくマークの回答がいいですね(笑)。

賎(笑)。

㋮先輩パパとしてのアドバイスです。

本当にもう、あっという間に終わりだから! あっという間に大学行っちゃって、もう離れてっちゃうから。あっという間に20年。いやぁ、びっくりするよ。そのときまた今度、切なくなるんだから。寂しくなっちゃって。

賎うわぁ……だって思春期ぐらいから、あんまり親と一緒にいないですもんね。

㋮いいようよ! しつこいぐらい。もう「パパしつこい!」って言わせようよ!

Ⓚそうね。

賎では次のメッセージです。「私の彼は、車に乗ると人が変わります。普通の道路でも抜かされると腹を立てるし、車間も取らずに走ったりする。あおり運転と誤解されるんじゃないかと思い、ヒヤヒヤしています。どうしたら優しい運転をしてくれるでしょうか」

Ⓚどうでしょうねぇ。この間、車の中で姉としゃべってたんです。ちょうど、そういう運転の方がいたんですよね。

賎そうなんですか。

Ⓚで、私達、歴代の彼氏とかにはそういう人はいなかったよね、って話したばっかですね。歴代っていうと、なんか過去にめちゃくちゃいっぱいいるみたいですけど(笑)。

㋮みんなゆっくり派だったんですね。

Ⓚゆっくり派だし、あおったりする人はいなかったな。

㋮音楽の趣味を変えるとかは? 僕はレゲエが好きだから、車に乗ると窓を開けてレゲエをかけながら、ゆっくり。だから高速道路も一番左っ側走ってるんですよ。よく嫁に「なにやってんの。高速道路なんだからさ、もうちょっとスピード出せないかな」って(笑)。

賎(笑)。

Ⓚ音楽は、ありますよねぇ。

㋮トランスとかかけてたりすると、なんかすごいスピードを出したりするかもしれないじゃないですか。

賎確かに、アップテンポだとそうですね。けど、もし横に乗ってて、ちょっと不機嫌になったら、どうケアして、どう落ち着かせるかって難しいですよね。

Ⓚ難しい。絶対ね。

㋮手を握って、「好き」。

賎かわいい。それは。

㋮そういう、かわいいのが多分ストップするんじゃないですか?

Ⓚもう、ダメダメ! とかじゃなくてね。

㋮でも勘違いするかもしれないね。「好き」とか言っちゃうと、もっと飛ばしちゃうかも(笑)。

Ⓚ(笑)。

㋮あとは食べ物とか音楽、香りとか、リラックスする何かを車ん中に置いたり、普段の食生活もリラックスするような食材を選んだり。

Ⓚ確かに。

賎お菓子類、ジャンクフード、少なめで……大変!

2人が「難しかった」と、口を揃える楽曲『across the street, cross the waters』。

この日、KEIKOはスタジオに不在。

しかし、「discover globe」のコーナーが始まると、Zoomを介してラジオ出演。

LAで行われた『across the street, cross the waters』のレコーディングの記憶を語った。


(賎)今日お届けする楽曲は『across the street, cross the waters』です。

㋮そこ行く⁉

Ⓚすごいところ行きましたね。

(賎)あいうえお順です！

㋮なるほど。

(賎)1998年12月発売、4枚目のフルアルバム『Relation』に収録された2曲目の楽曲ですね。マークさん、この曲の思い出は？

㋮う～ん。なんだろう。ちょっと非現実的なところを触ろうとしてたような気がしますね。なんかRelationツアーって、ちょっとそんな感じするじゃないですか。悪夢なのか現実なのかよくわからないようなところ。

Ⓚうんうん。

㋮多分、そんなような部分を詞で描こうとしてたような気がしますね。

(賎)KEIKOさんどうですか？

Ⓚレコーディングが難しかったのを覚えてます。ライブはもうマークのイメージがすごく強いんですけど。

㋮うん。この曲のレコーディングは、ロスでしたっけ？

ⓀLAだったと思う。

㋮ね。LAだったよね。確か健二（佐野健二）さんがスタジオにいて、いろいろやってくれてたんだよね。

Ⓚそうそうそう。発音とかね。

番組スタッフ：TKからはどんなボーカル指示があったんですか？

Ⓚ彼は、決め込んで「こうやってね」とは絶対に言わなかったんですよ。だから

「こういう感じで」っていう言葉を自分なりに理解してボーカルを入れたんだと思います。


㋮そうなんだよね。「こうしろ」っていうのはないよね。いつもなんかヒントみたいなのを出して。

Ⓚそうそう、もうちょっとこんな感じで、って。

㋮僕たちに考えさせてくれる。

(賎)この曲を聴いていると、急にテンポや曲調が変わったりして、歌うのが難しくなかったですか？

Ⓚめちゃくちゃ難しい曲だなと思ってました。本当に。ライブやって、なんとなく世界観を身につけていったというか。今、聴いてて、本当に難しい。当時、よく歌えましたね、私（笑）。

一同：（笑）。

番組スタッフ：お2人に質問なんですけど、最初にイントロで静かに始まって、途中でプログレのようになって、また静かに終わる、っていう構成はどんな意味があったんですか？

㋮どういう意味なんでしょうね。でも、世界観はあるんじゃないですかね。現実なのか夢なのか、っていう、そこの部分をこの構成で出しているんじゃないでしょうか。

Ⓚでも、globeの楽曲に関してどういう世界観かっていう説明って、あんまり私たち2人に対してはなかったんですね。「この曲はこうだから」みたいなことは全然なくて、2人が解釈すればそれでいい、みたいな。

(賎)ではKEIKOさんはKEIKOさんで解釈して、マークさんはマークさんで解釈して、それぞれがそれぞれの解釈を持って、って感じなんですね。

Ⓚそう思います。特に私はそうでした。

番組スタッフ：へぇ……なるほど。

(賎)リスナーの方からもメッセージいただいていて、ご紹介します。『across the street, cross the waters』すごく思い入れがあるみたいで、「めちゃくちゃ面白い曲。より多くのファンに好きになってほしいなと思います」ということです。「ちなみに私はカラオケアプリでマークさんのラップをやります。KEIKOさんパートを全部ハモるスタイルでいつも楽しんでいます」。

㋮へ～。

(賎)「1人で全部歌っちゃうんですが、この曲、マークさんのラップとKEIKOさんパート両方とも、カミカミポイントが多々あり、難しいんです」といただいています。

㋮僕、多分、今できないです！

一同：（笑）。

Ⓚ私もできない。そして、メッセージにあった「as long as the earth exists」の部分、難しかったです。本当に。私のパートで。だから、できない（笑）。

(賎)かなり練習がいるんですね。

Ⓚいや、練習じゃなくて。「もう1回やってみよう」って、「もう1回やってみよう」って、相当言われた気がしますね。

(賎)そう考えるとライブでやるのはなかなかハードルが高いです。

㋮ハードル高いと思いますね。

Ⓚこれをカラオケで歌う人がいるんですね！　すごい、考えられない！

㋮だって普通、globeのレコーディングのときにボーカルディレクションとかあまりいないんですよ。

Ⓚその通り。

㋮で、この曲はやっぱ健二さんがディレクションしてくれるくらい、本当に難しい曲だったと思いますよ。

(賎)ですので、カラオケに歌うのは不向きっていう楽曲で締めとしてよろしいでしょうか（笑）。

㋮逆にカラオケでやったら、すげえ気持ちいいんじゃないですか？　できたとき。

Ⓚでも、聴いてて楽しいのかな？　盛り上がるのかな？（笑）

『About Me』の「Me」とは？明かされる、作詞のエピソード。

2006年3月発売の11thアルバム『maniac』に収録された楽曲、『About Me』。この歌詞に注目すると、描かれる女性の姿がKEIKO本人に重なっていく。実際のところは？その真相が放送で明らかになった。

(賤)まず伺いたいんですけど、『About Me』についてどんなことを覚えてますか？

㋮いや、この曲、俺のパートない（笑）！

Ⓚこれ、詞だれ？

番組スタッフ：TKです。

Ⓚこれ、私もいっしょに書いたな。「ここは、こうがいいんじゃない？」的なやりとりがあったような気がしますね。

㋮アバウトミーって、アバウトユー!?

Ⓚ多分……いや、アイドンノー！　聴いていただいているみなさんの自由ですよ！

㋮いや、でも、どう考えてもアバウトユーやん！

番組スタッフ：作詞はTKのクレジットになってるんですけど、聞いているとKEIKOさんの半生をKEIKOさんご自身が自分で作詞したんじゃないかなって思ってしまうんですよ。歌詞では時系列で思春期の15の頃、だいぶお姉さんになった19の頃とあって。19の頃の最後のフレーズ……

Ⓚカラオケじゃ1番。

番組スタッフ：そうそうそう。このフレーズに「びっくりマーク（！）」が2つが使われているんです。「カラオケじゃ1番!!」と。ここに強い感情があったんじゃないかなと思うんですけど。

Ⓚはい、はい。

スタッフ：でも、KEIKOさんの歌を聴いてると、びっくり2つにはとても聴こえない。

Ⓚそうですね。

スタッフ：歌ってるときはびっくりマーク「!!」を意識してたんですか？

Ⓚまったくしてません。無意識にはしてると思うんですけど、ほとんどしてないですね。

㋮じゃあ、この「!!」は間違いかもしれないわけですね？（笑）

Ⓚいや、間違いじゃなくて（笑）。詞が上がってきて、TKの書く文字で歌うときと、パソコンで打った文字で歌うときと、いろいろあるじゃないですか。

㋮あぁ、それいい話ですね。そうだよね。

Ⓚ時間がなくて、どこ歌うんですか？　みたいなやつ。

(賤)それは本当に、メモみたいな？

Ⓚメモです。

㋮そうそうそう。

Ⓚ文字を打ってる時間がなくて、急いでそのメモで歌わなきゃいけない。

(賤)そんなに時間が追い込まれることがあるんですか。

㋮あるある。

Ⓚありました。昔でいう、曲の1番2番3番ってあったとしたら「今、3番上がってきたので歌ってください」みたいな。そういうイメージ。

(賤)レコーディングと同時並行で作詞が行われているみたいな。

Ⓚそういうことがありましたね。最初の頃、特にあった。

(賤)へぇ〜！

㋮徐々に盛り上がる、というよりもう、この3番をどう歌うか。それは自分で決めなきゃいけないわけ。

Ⓚそうです、そうです。

(賤)一般的なファンの方とか、僕たちって歌詞を最初から最後まで通しで見ますけど、皆さんはポイントごとに見ることがあるんですね。

Ⓚあるんです。面白いですよね。

㋮全体ではこういう意味になって、それぞれみんな違う風に感じ取るんじゃないかな。globeの曲って一曲の歌詞の中でも多分、全員好きなところが違うと思います。多分それぐらい、いくつかのポイントがあるんじゃないですかね。

Ⓚ代表曲の『DEPARTURES』でも、最初の「ずっと〜」の部分が好きなんですっていう人と、「どこまでも〜」ってところが好きなんです、という人と。

㋮「When a man〜」のところは誰もいないの？

一同：（笑）。

Ⓚあとマークのラップが好きっていう人もね。

(賤)面白い作り方ですね。

番組スタッフ：そして『About Me』で最も印象的なフレーズが、「普通以上普通未満なんて そんな定義この国にはありふれているあふれてる」と表現しているんですよね。普通であることとかのプレッシャーとかに心を押しつぶされそうだなって思うんですけど。

Ⓚそうですね。

番組スタッフ：ここの部分がKEIKOさんが大阪で働きながら歌手になる夢はあるけど実現できない表現できない葛藤があるのかなぁなんて想像しながら……

Ⓚ鋭い。

㋮鋭い！

Ⓚ鋭いよ。ほぼそうですね。私自身は歌詞が仕上がってきたとき、そう受け取りましたね。

㋮そう受け取って歌ったわけですね。

Ⓚそのときと照らし合わせて。だから、当時彼と話してた自分の思い出とかがありますよね。そういうところからくみ取って書いてくれたの？って聞いたことはないです。私は歌詞のことは聞いたことないんです。「どういう意味ですか？」とは絶対に。だから、そういう風なことなのかなと思いながら歌いました。同じように。

㋮いや〜今日はいい回ですね。神回です。

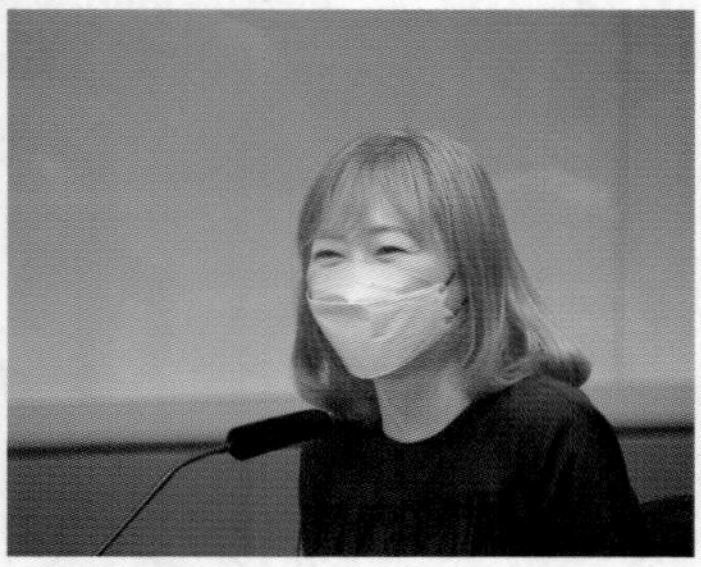

好評につき、「Discover globe」スペシャル放送。前後編2曲、解説。

globeファンのリスナーが
毎回、楽しみにしている楽曲解説コーナー、
「Discover globe」。この日はスペシャルで
前後編、2曲を解説。
2人の大好きな曲『UNDER Your Sky』も
ここで登場。その思い出を大いに語った。

(賎)最初の曲はこちらです。番組ディレクター(以下、番組D):『Appreciate』。2006年3月に発売されました11枚目のアルバム『maniac』のディスク1の5曲目。作詞・作曲はTKでございますけれども、イントロから抜けの良いコンガとボンゴの打ち込みで始まるというところでございます。1分30秒くらいからシンセベースなどが入ってくる。globeファンの番組スタッフOさんいわく、TKが楽しみながら作ってるんじゃないのかな、と。

(賎)はい。番組D:ここでマークさんに質問です。こういうシンセサイザー（以下、シンセ）が中心の曲を作るときは、TKとエンジニアさんだけでスタジオにこもって作っている姿を想像してしまうんですが、実際のところはどうだったんですか?

㋮だいたいこもって2人でやってるけれど、エンジニアが疲れていなくなっても、TKはやり続ける。1人でも。

番組D:へぇ〜!

㋮もう本当にね「おもちゃを与えられた子ども」。あたかもクリスマスにもらったシンセを延々とやっている子どものような、そんな後ろ姿が、結構印象的ですね。

番組D:スタッフが言わないと、寝食忘れる、じゃないけど。

㋮言えないの。こっちからは。「もう寝なさい」とも言えないし「ご飯食べなさい」とも言えないし。ボスだから。

番組D:あぁ!

Ⓚ（笑）。

番組D:気の済むまで。

(賎)それは音の出し方とか組み合わせ方をいろいろ見てるんですか?

㋮なんなんでしょうね。やっぱシンセっていうのは音を作るところからやるんじゃないですか? アナログシンセとかも置いてあったし。今の時代はプラグインとかソフトで全部できるけれど、当時はもうその1台のシンセをもう新しいのが来たら、その新しいのをもう三日三晩、使い切るまで触りますね。

(賎)あぁ、そうなんですね。

㋮もう、すごいハマって遊んでおります。遊んでるっていうのはおかしいんだけど、それが商売になってるわけだから。

Ⓚやっぱり、気に入ったシンセとかがあるみたいですね。

㋮それで、こういう音になったら、こういう曲ってふうになるんじゃないですか。ヒット曲だけの場合は、もうなんか決まってるじゃないですか。小室信仰っていうのもあるぐらいなわけですから。そうじゃなくて、こういうアルバムの途中に入れられる曲とかになると、そのシンセが出す「うまみ」みたいなのをうまく遊びながら出してくるっていう。だから、globeはそういう実験がいっぱいできるバンドっていうふうな意見も言ってたから。こういうところで遊んでたんでしょうね。

(賎)歌を聴いていると、グニュングニュンしていますが、KEIKOさんが歌うときはそんなことを意識せずにですよね?

Ⓚしないですよ。

㋮これは後ろのトラックを聴きながらやってるの?

Ⓚ聴きながらやってましたよ。英語の発音のことを、すごく言われましたね。

㋮あぁ、見えるね、2人が。戦いみたいなね。

Ⓚ「そんなこと言われてもわかんない!」ってね（笑）。

㋮僕はいなかった。僕がいたらもうちょっと空耳アワーっぽいなんか、日本語に聞こえるような感じでちょっと言ってもらえないかな、みたいな。

番組D:歌詞の中で「only god knows where we'll end up」「神のみぞ知る宿命」という意味のフレーズがありますよね。時代背景、2006年頃を考えると身近な例ではインターネットの普及やスマートフォンの登場で人々のコミュニケーション方法や生活スタイルが大きく変わり始めたころでした、と。「Appreciate time & space」という歌詞は「自分の時間や精神の空間を見失

わないようにしましょうよ」というメッセージを含んでいる、かもしれません。というのが番組スタッフの考察です。

㋮多分、このぐらいの時代からCDとかも売れなくなってきて、ダウンロードの時代に入ってきて、もうすべて音楽業界も変わってくるし、いろんなことが世界が動き始めるところに、『Appreciate』っていう感謝するっていうタイトルをつけるところが、またちょっと面白いんじゃないですかね。

Ⓚね!

㋮これは皮肉なのか何なのか、みたいな。

(銭)このリズムもそうですし、歌う感じもそうですし、KEIKOさんの雰囲気を含めて、やっぱほかの曲と違う部分が多いですよね。

Ⓚ違いますよね。

*

(銭)2曲目は、こちらです。

番組D:1998年3月に発売されました3枚目のアルバム『Love again』の2曲目。『UNDER Your Sky』。

㋮この曲好きよ。この曲結構、globeの中では人気な曲ですよ。

Ⓚ人気ですよね。

番組D:そうですね。本当にいろいろメールもたくさんいただいておりますので、こちらご紹介しましょう。「この日が来るのを待ってました。この曲の好きなところは3つあります。1つ目はイントロなしで歌い出す『あんな』。たった3文字ですがこの曲の世界観に引き込まれます。2つ目は『静かにみんなで』の『静か』。KEIKOさんの優しさを感じる歌い方とその音の響きが心地よいです。3つ目は英語の歌詞からのアウトロ。英語で歌うKEIKOさんがとにかくかっこいいです」

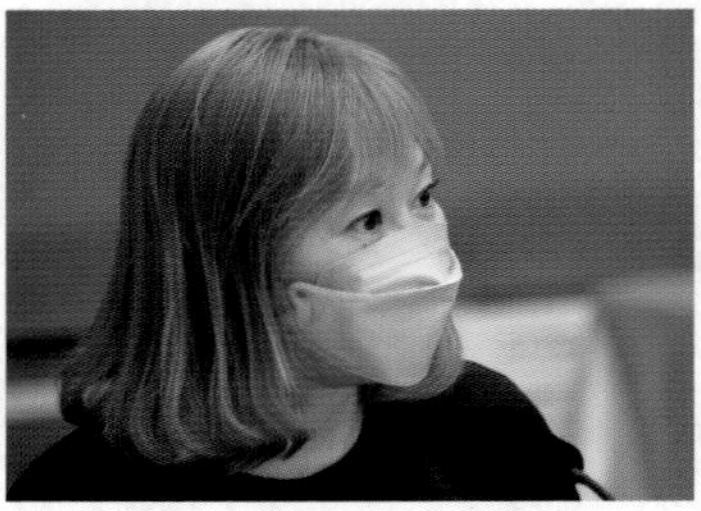

と。

Ⓚありがとうございます。

番組D:「KEIKOさんとマークさんにこの曲の好きな箇所を教えていただけるとうれしいです」と。

Ⓚ私は、この最後らへんが一番好きなんですよね。「二度と戻らない時間」だったりとか「小さな体 力いっぱい」とか、そういうところですね。

㋮ね。「あんな速さの中」。いいですよね。

Ⓚうん。私、これすごい好きです。

(銭)マークさんは?

㋮やっぱこの「銭川にみんなで……」

(銭)えぇ!?

㋮あっ、「静かにみんなで」か(笑)。

一同:(笑)。

(銭)えっ僕!? 急に僕、来た!? と思って(笑)。

Ⓚごめんなさいねぇ~(笑)。

㋮(笑)。いやぁ、でもね、全部いいっすよ。この曲は。

Ⓚいい。

㋮空、skyっていうフレーズはglobeすごく多い気がするんだよね。

Ⓚ気がするんだよね、って(笑)。あったっけ。

番組D:歌詞が、しみじみといいですよね。聴き入っちゃいました。

㋮やっぱ、歌い方がいいよね。この曲ね。

Ⓚあぁ、褒めてくれるんだ。

番組D:「この曲の歌詞で質問です。前向きなメッセージのあとに忘れられないんだよ、という切ない思いが表現されていました。楽しさと哀愁が入り交じるからこそ、ラテン音楽のアレンジにしたのかなと思いましたが、TKはどんなふうにおっしゃっていましたか?」と番組スタッフさんからです。

㋮**それ、TKに聞けばいいじゃん!**

Ⓚ**まったく私たちには教えてくれませんから!**

(銭)(笑)。この曲は2人にとっては、どんなイメージなんですか? 好きっていうのは伺いましたが。

㋮たぶんKEIKOは歌いやすい曲なんじゃない?

Ⓚ歌いやすいね。

㋮ラテン系のリズムっていうのは多分、体が自然に揺れて動くようなリズムだから歌いやすいんじゃない?

Ⓚ外で歌うイメージが強くて。『Love again』のツアーでね。まさに「空」のイメージだったかな。

(銭)まさにこのタイトル通り。

Ⓚあと、すごくキーの高い曲じゃないので、すごいうれしかった気がする(笑)。そんなに気負わなくていい、っていう。

㋮歌詞は確か、僕とTKで混ぜて、っていう。

番組D:そうですね。TKとマークさんの連名になってますね。

㋮めちゃめちゃ混ざってる感があって面白かったですね。

(銭)へぇ~。

番組D:そのライブについては、番組スタッフOさんも言ってまして。『10000 DAYS』にも収録されているLove againツアー、横浜スタジアムの夕暮れとマッチしていて、いい雰囲気でした、と。

Ⓚそう!

㋮いや本当にね、このスタジアムツアーよかったよね。僕が一番好きだったのは、西宮なんですけどね。

Ⓚそう言うよね。

㋮あれね、甲子園でやりたかったですね(笑)。確か甲子園は、ね、高校野球やってたんですよ。

番組D:この曲は節目、節目のベスト盤には必ず入ってますよね。

Ⓚ入ってますね! だからリーダーも好きなんじゃないですか。多分ね、知らないですけど。

㋮僕は「deep JAZZ globe」でもこの曲を確かリミックスしてますけど、大好きな曲です。

Ⓚね。

『Is this love』マーク、「愛」と「恋」を哲学する。曲調の解説も。

「Discover globe」に、
『Is this love』が登場。
リリースから27年を経て、
年齢もライフステージも変化したマークが
「愛」と「恋」を哲学的にひもといた。

番組D：『Is this love』ができてから27年でございますが、その当時から現在まで「愛」の答えは変わってきましたか？

(賎)哲学的ですね〜。

㋮「愛」が「恋」には変わりましたけど、大人になって、結婚をして。でもこの「愛」だったあの頃にまた戻れるのならば、「愛」というものは変わらないんじゃないのかなと思いますね。

Ⓚ変わらない。

㋮多分、今もまた「愛」をすることが許されるのならば、変わらない「愛」をするんじゃないですかね。僕には許されませんが。もう、今「恋」をしているのでね。

Ⓚ（笑）。びっくりしちゃった。

番組D：いや、これはちょっとグローバーにとってはなかなかグッとくる。

Ⓚちょっと笑っちゃったけど（笑）。

㋮普通はその反対だと思うんですよね。

Ⓚそう。間違えてるのかな？ と思ったけど違うのね。「愛」が「恋」になるのね。素敵じゃないですか。

番組D：SNS上のコメントでも、この曲のラストの「あなたのことが 好きだからあなたにも 好きでいて欲しい」の部分に多くの共感の声があったようでございまして。「愛」の答えが変わっても、お互い好きでいましょうという願望は、このKEIKOさんのやさしい歌声と相まって、心に残るフレーズなのではないでしょうか。

Ⓚ楽しいですね〜。誰か、お酒持ってきて（笑）。

番組D：ちょっと濃いめで（笑）。

Ⓚそんな大人の雰囲気がありますよね。

㋮この曲がこのような感じじゃなく、もうちょっとカチッとした冷たい曲だったら、この歌詞はちょっと痛かったんじゃないすかね。

Ⓚ「あなったのことが〜♪」（冷たい感じで歌うKEIKO）

一同：（笑）。

Ⓚすみません、おふざけが過ぎたようで（笑）。

㋮いや、いい例じゃないですか。

(賎)確かにテンポがゆるいからこそですよね。

Ⓚね。『DEPARTURES』とかもそうだと思いますけどね。

番組D：これまでわりと歌詞について触れてきたんですけど、今度は音楽的なところを。

Ⓚオケですね。

番組D：この1998年から2000年代はいわゆる和製R&B全盛期へと続いていくのですが、かっちりとしたビート、いわゆる四つ打ちや、三連符やシャッフルまたスイングからR&B特有のバウンス、四つ打ちとシャッフルの中間のリズムの実験を、globeが先行して行ったのではないかと。

Ⓚおぉ〜。

番組D：大サビの「やさしさだけじゃ 生きてゆけない」のハモリの部分はゴスペルのテナーやアルトのハーモニーを取り入れたのではないかなと。それまでのJ-POPではあまり聞いたことがない、ということですね。ちょうど同じ時期に作られた安室奈美恵さんの『SWEET 19 BLUES』もゴスペル、ブルースっぽい曲だったんですけど。

Ⓚそうですね。

番組D：『Is this love』は男性のハモリがないから、そのハーモニーがそこまで目立たない。

㋮へ〜。

番組D：これは、メンバーの中に男性がいらっしゃるglobeならではのハーモニー、アレンジではないかと。

(賎)ここまで『Is this love』のことたくさん聞いてきましたけど、改めてお2人に聴きどころを最後にうかがえたら。

㋮やっぱり、スイングの曲調なところ。これ、globeに絶対にないのよ。TKがカチッとした四つ打ちが好きで。

Ⓚそうそうそう。

㋮ちょっとでもオフビートだったり、レゲエだったりすると酔うんだって。

(賎)なるほど。

㋮だから、ちょっとスイングするこういう曲って本当に珍しい。僕は大好きだから、そこが聴きどころじゃないですかね。globeらしくない、でも一番globeっぽい曲なんじゃないのかな、と僕は思ってますね。

(賎)KEIKOさんは？

Ⓚ私はサビのところ。曲の冒頭からずっとマークのパートがきて、コロッと変わってサビがきて。って、今サビの部分ってどこだっけ？ って考えちゃって止まったんですけど（笑）。

㋮「Is this love〜♪」？

Ⓚ「や〜さしさ♪」です。

㋮あれBメロじゃないの？

Ⓚじゃあサビじゃないかもしれない……（笑）。とにかく「やさしさだけじゃ 生きてゆけない でも やさしい人が好きなの」。そこが好きなんです。

㋮いいですね〜。全体的に素晴らしいですよ。ラップみたいなのがあって、やさしさがきて……すごいと思いますね〜。

(賎)なんか、改めてちゃんと聴こうって思いました。

RADIO

JOY TO THE OITA+ 出演者がオススメする

大分の観光&

番組の大きな目的のひとつは“大分県の魅力を発信すること”。そんなわけでマークさん、KEIKOさん、賤川アナに、「大分に来たらこちらへ！」というスポットをお聞きました！

マーク・パンサーさんのオススメスポット

1 別府八湯《はっとう》温泉道

湯を知り、街を知り、人を知る。奥深き入湯修行の旅へ

別府八湯とは、八つの温泉郷の総称。その豊富な源泉と多様な泉質を誇る日本一の温泉地「別府」だからこそ可能な、温泉を味わい尽くす「湯の真理を得んとする求道者（無類の温泉好き）のためにある、厳しくも愉快な入湯修行（スタンプラリー）の道」です。

僕が観光大使を務める別府の温泉は本当に最高！スタンプラリーは県外の人も参加できるので、別府の湯でお肌をツルツルにしてください。

2 大分県 速見郡日《ひ》出《じ》町《まち》

海あり、山あり、歴史あり。美食、アート、神社も堪能できる。

キラキラと輝く別府湾に絶景の鹿鳴越連山を擁し、400年の歴史を持つ石垣が特長の日出城址を誇る。日出町は決して大きくありませんが、海あり、山あり、歴史あり。魅力がぎゅっと凝縮した魅力的な町です。

僕は日出町の観光親善大使、愛称・ひじまちアンバサダーにも就任したんだけど、一度歩いただけで素敵な町だと惚れ込みました。

KUNISAKI

USU-SEKIBUTSU

NOGAWA

賤川アナのオススメグルメ

1 ゴールデン紫
大分が誇る甘口しょうゆ

九州のしょうゆといえば…そう！　甘口のしょうゆ。大分県には、九州のトップブランドがあるんです。1861年創業の老舗メーカー、フンドーキン醤油さんです。中でも代表的な商品が「ゴールデン紫」！　程よい甘みでうま味が詰まった「ゴールデン紫」はこいくちの醤油です。お刺身等のかけ用はもちろん、肉じゃがや魚の煮つけ等の調理用にピッタリ。甘口醤油なので、砂糖やみりん等の調味料を少なくしても美味しく料理が出来上がります。ぜひお試しあれ！

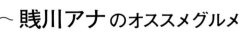

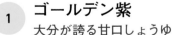

グルメスポット

KEIKOさんの オススメ グルメスポット

おかげさまで
白子が人気だそうです。
ぜひふぐ刺しと
ヒレ酒とご一緒に！
機会があったら
臼杵本店にも足を運んで
みてくださいね。

繁華街であることを
忘れてしまう荘厳さ

臼杵ふぐ 山田屋 大分都町店

豊後水道の新鮮なふぐは絶品。本店はKEIKOさんのご実家！

豊後水道の新鮮な活魚、ふぐなど、四季折々のお料理を堪能できる山田屋さんの大分都町店。臼杵本店は都会の喧騒から離れた庭園が印象的ですが、都町店も落ち着いた風情の石畳とやさしい灯りが出迎えてくれます。大分駅からも徒歩圏内なので、絶品のふぐと白子を食べながら globe を語ろう！

自慢の白子は口に入れただけでとろける

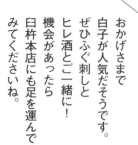

ふぐといえばやっぱり
唐揚げも欠かせない

3 大分麦焼酎® 西の星

麦焼酎なら西の星がオススメ！

「いいちこ」でおなじみの三和酒類がつくる「西の星」は、大分の風土と農家、蔵人の思いがひとつになった大分生まれの本格麦焼酎。すっきりした香りとなめらかな喉ごしで飲みやすさに定評があり、お料理の味も引き立ててくれますよ。ロックや水割りの他に炭酸割りやお茶割りもオススメ！お土産に、食事のお供に大分麦焼酎「西の星」はいかがですか？

2 絆《きずな》屋《や》のりゅうきゅう

味よし、たれよし、鮮度よし！

大分県を代表する郷土料理りゅうきゅう。新鮮な大分産の脂ののったブリと真鯛を丁寧にさばいて切り身に。独自製法の丸大豆醤油ベースに椎茸などの旨みを加えた特製だれに絡ませて素早く真空パック。急速凍結することで鮮度を落とさず、解凍後すぐに美味しくお召し上がりいただけます。JAL 国際線機内食ファーストクラス・ビジネスクラスで５万食の販売実績のある大人気商品です。個食パックに入っているのも便利。熱々ご飯にのせて、りゅうきゅう丼としてもどうぞ。

RADIO

JOY TO THE OITA+

OFFICIAL BOOK

OBS（大分放送）

2024年3月25日　初版発行

＼Special Thanks／

マーク・パンサー(globe)、KEIKO (globe)、賎川寛人(OBS)

協力　エイベックス・マネジメント株式会社
株式会社ホーカス・ポーカス

写真　野本寿和

装丁　森田直、佐藤桜弥子（FROG KING STUDIO）

校正　株式会社東京出版サービスセンター

編集　高木さおり(sand)／中野賢也（ワニブックス）

発行者　横内正昭

編集人　岩尾雅彦

発行所　株式会社ワニブックス
〒150-8482
東京都渋谷区恵比寿4-4-9えびす大黒ビル
ワニブックスHP　http://www.wani.co.jp/
（お問い合わせはメールで受け付けております。
HPより「お問い合わせ」へお進みください）
※内容によりましてはお答えできない場合がございます。

印刷所　TOPPAN 株式会社

DTP　株式会社 三協美術

製本所　ナショナル製本

定価はカバーに表示してあります。
落丁本・乱丁本は小社管理部宛にお送りください。送料は小社負担にてお取替えいたします。ただし、古書店等で購入したものに関してはお取替えできません。

　ISBN 978-4-8470-7391-5